図解よくわかる

衛星測位と位置情報

久保信明
Nobuaki Kubo
著

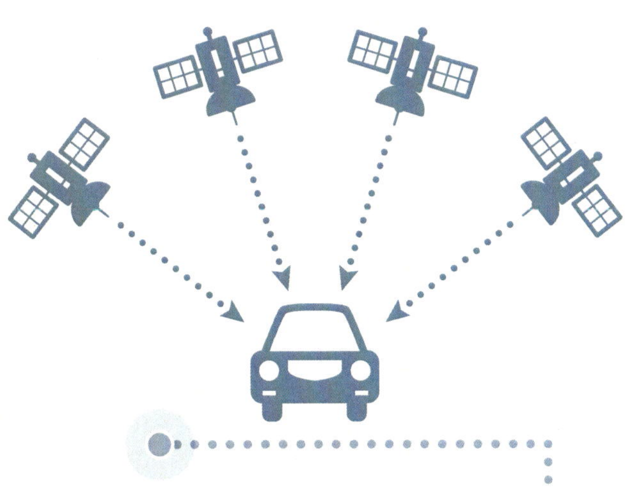

日刊工業新聞社

はじめに

GPSの名称で知られる米国のグローバルな衛星測位システムは、1970年代に最初の衛星が打ち上げられてから、すでに40年近く経過しています。GPSの当初の開発目的は軍用であり、できるだけコストをかけずに爆弾を所定の位置へ落とすことを可能にするというミッションがありました。現在もGPSの目的は変わっておらず、軍用が第一であり、GPSにとって障害になるような電波干渉は強く規制されています。米国のGPSと同じ時期に開発を開始していたのが現在のロシアのGLONASSです。両者は信号の形式が、GPSはCDMA方式、GLONASSはFDMA方式と異なりますが、衛星をベースにした位置決定技術が、地球上どこでもグローバルに展開できる点やユーザ側の受信機のみで測位できるシンプルさに、共通の価値を見出していたと考えられます。

1990年代に日本ではGPSを利用したカーナビが出現しており、それまで紙の地図に頼りながら運転していたドライバーが、リアルタイムに時々刻々自身の位置を表示してくれる便利なカーナビに頼るようになりました。日本のメーカの技術者たちは、この衛星測位技術への興味や関心だけでなく、今後潜在的な発展性があると認識していたのかもしれません。その後現在までの20年以上の間、カーナビは使われ続け、その形態がスマートフォンというプラットフォームに変化している部分はありますが、これに変わる他の位置決定システムはまだでてくる気配がありません。米国が軍用に開発してきたGPSを民間に開放することになった正確な理由はわかりませんが、大韓航空機撃墜事件があったのではないかといわれています。民間航空機が所定の経路を大きくはずれソ連領内に入ってしまったため、ソ連の戦闘機に撃墜された事件です。GPSのように世界中どこでも数mの精度で自身の緯度・経度・高度が表示される仕組みがあれば、このような悲劇がまぬがれたのかどうか定かではありませんが、軍用に開発してきたシステムを民間に開放するには、それなりの理由や動機があったであろうと推測されます。米国は、

2000年5月に、それまで位置精度を100 m程度にあえて劣化させていた仕組みを廃止しています。その後、位置精度は数mになり現在に至っています。2000年に入る頃には、位置精度を1～2 mにするディファレンシャル方式が確立しており、ロシアのGLONASSだけでなく欧州のGalileo衛星の開発も計画されていたことから、100 mの位置精度では民生利用において競争できないと判断したと考えられます。実際には米国のGPSとロシアのGLONASSの後に続く測位衛星は、日本の準天頂衛星、中国のBeiDou、そして欧州のGalileoが世の中にでてくるまで存在しませんでした。これらの国は今後も新たなフェーズの改良された測位衛星の打ち上げを計画しており、よほどの経済危機でもなければ、今後も10年以上ゆるやかな発展がみられるでしょう。さらに20～30年後も衛星測位技術は、重要な測位インフラとして利用が継続されるのではと予想します。

本書のテーマである衛星測位技術や位置情報の利活用という観点でみると、経過した年数から衛星測位のベースとなる技術は新しくないことが想像できます。実際に受信機の基本となる数多くの特許は、2000年に入るまえに取られており、複数周波数を利用する高価な測量受信機を開発し販売するメーカは、現在でも世界中で数えるほどしかありません。一方、位置情報の利活用の側面でみると、高精度測位の低コスト化や様々な移動体の自律化の機運の高まりなどにより、広がりをみせていく可能性があります。その場面において、衛星測位技術の基礎を習得した人や受信機の中身のわかる人が求められます。本書が衛星測位の専門書を読みこなすためのきっかけとなれば幸いです。

本書の構成は、衛星測位の基本からはじまり、衛星本体の役割、受信機の役割を紹介し、その後、衛星測位にとって重要な地球の座標系の定義、位置精度を決定する様々な誤差要因をみていきます。次に位置精度を高める手法について詳細に説明し、国産の測位衛星である準天頂衛星「みちびき」の機能や特徴について紹介します。最後に位置情報の利活用分野を紹介します。衛星測位における技術用語がいくつかあるかと思いますが、わからない用語がでてきたとき、この本のその用語の書いてある場所を開けば、できるだけ直感的に理解できるような記述と図を準備することをこころがけました。

本書の執筆に際し、文献や技術資料を利用させていただいたことをここに厚く御礼申し上げます。また、本書の出版に際し、貴重なコメントやご配慮をいただいた日刊工業新聞社書籍編集部の国分様および関係各位に心から感謝いたします。

2018年３月

久保信明

衛星測位と位置情報●目次

第3章 受信機の役割

第4章 位置を表現する座標系

第5章 様々な誤差要因

第6章 精度を高める手法

第7章 日本の準天頂衛星「みちびき」

第8章 位置情報の利活用

第1章

衛星測位の基本

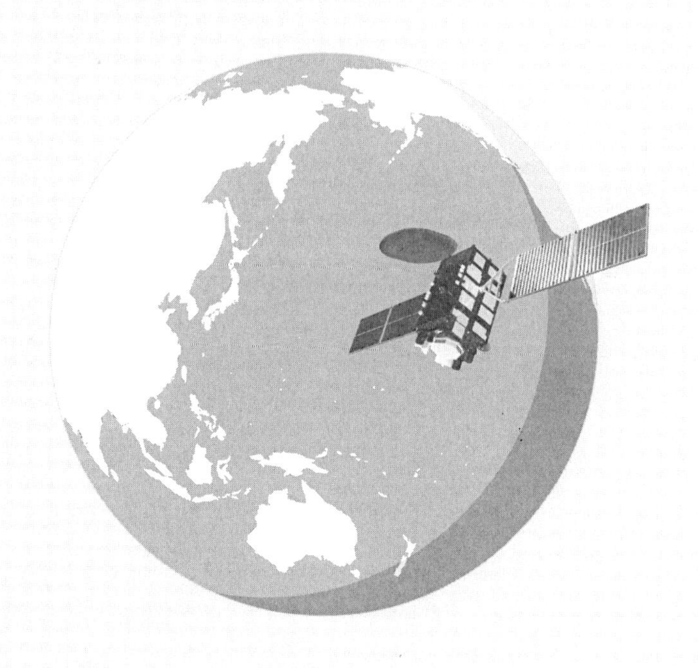

出典：qzss.go.jp

無線による航法

位置を知ることは昔からとても大事でした

今から数百年以上前に正確な位置を必要としていたのは、誰でしょう？まだ飛行機が発明されていない時代に重要な移動手段は船でした。船乗り（現在の航海士）は正確な位置を知るために様々な努力を重ねていたと考えられます。その技術は推測航法と呼ばれています。自身が進んだ距離と方位を測定することで、位置を推定する技術です。現在の車でも一部利用されている技術ですが、当時、進んだ距離と方位を正確に測定することが困難であったことが容易に想像できます。大陸間の移動の場合は地球が球体であることも影響するため、さらに推定が困難になっていました。

衛星測位の前身である無線航法が世の中で使われ始めたのは、無線通信の発明の後であり、第2次世界大戦中のようです。それまでは推測航法に近い手法の慣性航法が利用されていました。無線航法は、既知の無線施設からの電波により自身の位置を測定することです。電波の特徴を生かしており、広範囲で悪天候時にも利用できます。慣性航法とは、INS（Inertial Navigation System）と呼ばれ、加速度と角速度を測定するセンサを備えたプラットフォームを移動体内に設置し、自身の3次元の速度と姿勢を時々刻々計算し位置を推定する技術です。当然のことながら、位置誤差はセンサの精度に大きく依存していたと考えられます。それらの欠点を補うために無線航法が開発されてきました。特に軍用、民生利用に関わらず、航空機の無線航法による誘導がモチベーションとなっていたようです。また船舶の海事交通も重要なアプリケーションでした。

無線航法の種類は、航空機をターゲットとしている比較的短距離の誘導を目的としたVOR（超短波全方向式無線標識施設、VHF Omnidirectional Range）、ILS（計器着陸システム、Instrument Landing System）、MLS（マ

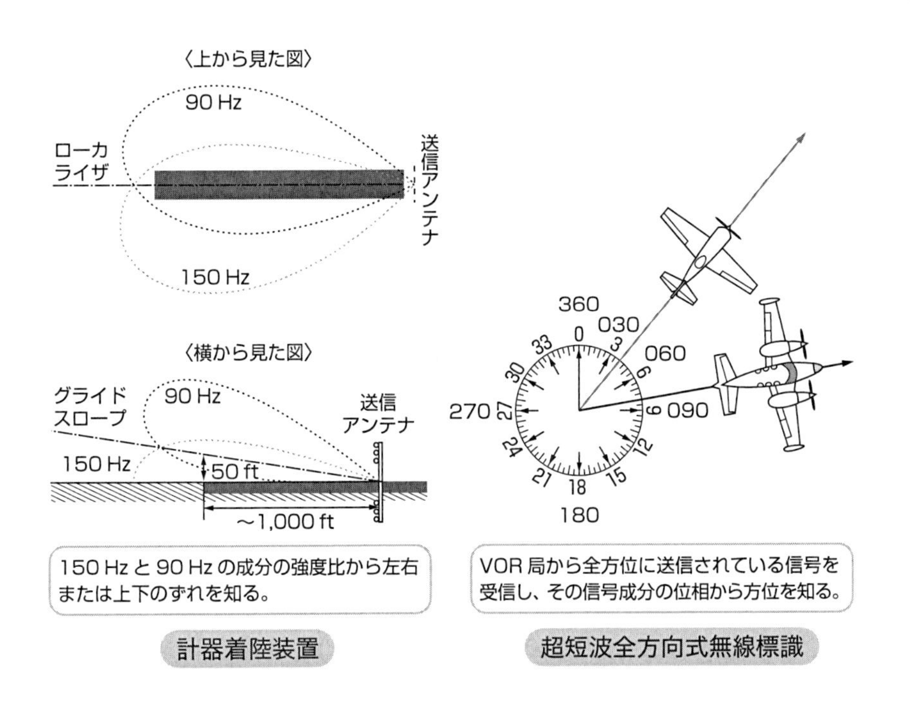

イクロ波着陸システム、Microwave Landing System）などと、航空機の誘導のみをターゲットとしない、大陸間にまたがるような長距離の航法を可能にしたロラン、オメガ、そしてトランシットが挙げられます。ロランのサービス範囲は全世界ではありませんが、1000 km程度離れた複数の地上局から広範囲の船舶などを誘導していました。オメガは全世界をサービス範囲とし、船舶や航空機の誘導をしていました。精度はロランのほうがよく水平で200～300 m程度です。どちらも2次元の水平方向のみの位置を推定します。トランシットは衛星測位システムの前身にあたるといえ、複数の人工衛星からの信号を受信機で受信し、推定したドップラ周波数を利用して自身の位置を求めるシステムでした。これも2次元の位置を推定することができ、精度は20～30 m程度だったようです。米国がトランシットを開発できた理由の1つに、ソ連のスプートニク1号の信号のドップラ周波数のパターンを入念に解析したとありました。世界初の人工衛星はソ連による幕開けでしたが、米国がその人工衛星を利用してトランシットのアイデアを得たのです。

衛星測位の歴史と開発者の考察

20世紀後半に開始したばかり

衛星測位の歴史は、1970年代の米国でのGPSの開発とソ連でのGLONASSの開発に始まります。米国のトランシットの成功が宇宙をベースとした航法システムへの機運を高めたことも要因としてあります。ここからGPSを例に説明します。1970年代にGPSの初号機が打ち上げられてから、現在に至るまで5回の改良が施されています。それぞれの改良フェーズごとに名称を付け、まとまった数の衛星を打ち上げてその性能をチェックしてきました。

表に世代ごとのGPS衛星をまとめました。現在、31機のGPS衛星が軌道上で運用状態にあり、3世代分のGPS衛星が混在していることがわかります。なお、ブロックⅡRは打ち上げからすでに20年経過している衛星もあり、設計寿命を大幅に超えて運用されているといえます。今後ブロックⅢと呼ばれる新しい世代の衛星が打ち上げられる予定です。

GPS衛星は、最初は実用衛星ではなくテスト用の衛星として打ち上げ、その機能を確認し、1989年に最初の実用衛星が打ち上げられています。1995年に米国がGPSの使用可能宣言をしています。さらに長期間の自律動作を可能にし、寿命を延ばす改良を行い、2005年には、それまで軍用コードしかなかったL2帯の信号に民生用のコードをのせました（ブロックⅡRM）。その後、L5帯の第3の周波数帯が追加され、2010年にその最初の衛星が打ち上げられました（ブロックⅡF）。衛星の寿命は長いもので20年以上も運用されていたものもあり、年単位で急激にスペックが向上するようなものではなく、比較的長い年月をかけて改良されていくイメージになります。

衛星測位を知る意味で極めて重要なGPSの開発段階での考察について、以下の5つのポイントが挙げられます。

- 受動体システムにすることにより、無制限の多くのユーザにサービスで

世代	打ち上げ年	総数	設計寿命	現在の運用数
ナブスターⅠ	1978～1985	11機（1機失敗）	5年	0機
ナブスターⅡ	1989～1990	9機	7.5年	0機
ブロックⅡA	1990～1997	19機	7.5年	0機
ブロックⅡR	1997～2004	13機（1機失敗）	10年	12機
ブロックⅡRM	2005～2009	8機	10年	7機
ブロックⅡF	2010～2016	12機	15年	12機

きること

- 衛星から時刻同期された信号を送信することによって、測位手段として三辺測量を選択
- スペクトル拡散技術を利用することにより、1つの無線周波数で信号の同時送信を可能とした、CDMA（Code Division Multiple Access）と呼ばれる符号化概念の最初の普及例
- 電離層による屈折を抑えることと、空間伝搬損失や大気中の減衰との兼ね合いから、Lバンド（約0.5～1.5 GHz）を選択
- 各ユーザはその位置を求めるために衛星4機以上を視野に入れる必要がある。また、覆域を世界中に経済的に提供する必要がある

上記ポイントに付加して、衛星の軌道高度として中軌道（高度が5,000 km～20,000 km）が選択されたことも重要です。また忘れてならない点として、衛星測位に必須の基盤技術である半導体や原子時計の20世紀後半にかけての進化が挙げられます。GPS開発当初、受信機の大きさがダンボール箱くらいあったのが、いまやスマホの中におさまるサイズになっています。チップそのものは1 cm四方程度です。これは衛星測位の周辺技術の発展によるものであるといえます。

衛星測位の概要

3つのパートから成り立っています

衛星測位は衛星だけでは成り立ちません。衛星を運用管制する地上局が必要です。また衛星と地上局だけでも不完全で、ユーザ側である受信機も必要です。これら3つのパートから構成されています。図に3つのパートの概観を示しました。これら3つはスペースセグメント、コントロールセグメント、ユーザセグメントと呼ばれています。

スペースセグメントは人工衛星そのものを指し、GPSでは現在31機の衛星より構成されており、複数の世代の衛星（これまで大きく5回の改良が実施済み）が混在している状況です。新たな世代の衛星は、改良を継続することでより高度な機能を持つことが期待されています。コントロールセグメントは主制御局と監視局に分類されます。衛星の軌道や時刻、健康状態を監視すること、衛星の軌道情報を予測し航法メッセージを更新することなどが主な役割です。GPSのようにグローバルな測位衛星を24時間連続して監視するために、複数の監視局が世界中に配備されており、ロバストな衛星通信を行うための専用地上アンテナも合わせて設置されています。測位衛星にとって要となる衛星軌道情報の生成とオンボード原子時計の時刻精度の維持を行っている点から、コントロールセグメントは最も重要なパートかもしれません。ユーザセグメントは、まさに受信機になります。LSI技術の革新により、受信機の性能は着実に向上しており、小型軽量化がなされています。現在では、スマホの中のチップでも複数の測位衛星システムを受信することが可能です。当初軍用で開発されてきたGPSですが、民生用の市場でここまで急速に拡大するとは予想していなかったのではと想像します。

ここではもう1つ、衛星からの信号をとりあげます。GPSを例にみると、当初からL1帯とL2 帯の2つの周波数が送信されてきました（最近の衛星は

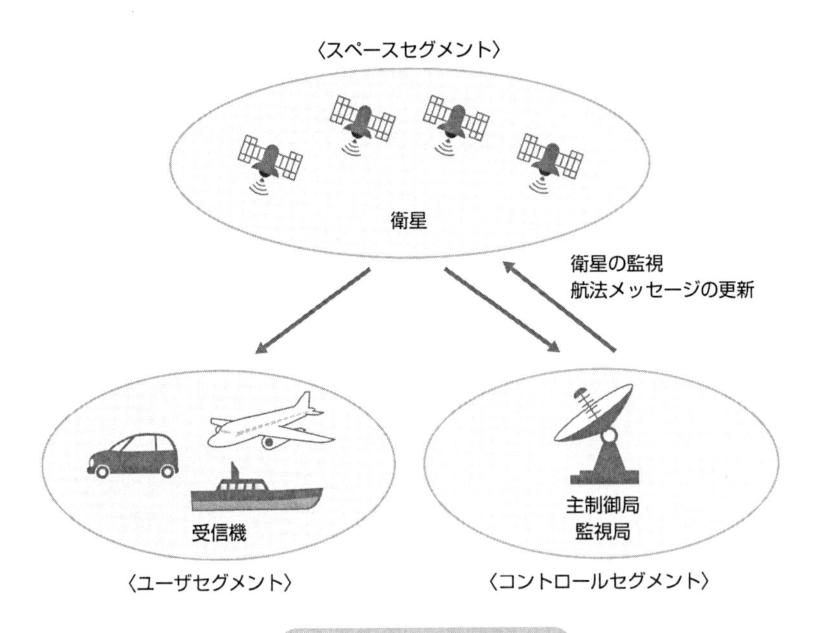

衛星測位の３つのパート

さらにL5帯が追加されています)。実際にはこれ以外の信号も送信されていると記載がありますが、測位用途ではないようです。信号は、搬送波、擬似雑音符号、航法メッセージの3つから構成されており、その詳細はGPSの仕様書に完全に記述されています。擬似雑音符号は、まさに衛星と受信機間の距離を測定するために必要なコードです。航法メッセージは衛星自身の位置を計算するためのパラメータを放送しているものです。受信機の役割は、これらの信号を捕捉かつ追尾しながら解読し、位置推定に必要な観測情報を探し出すことと、それらを利用して位置、速度、時刻を推定することといえます。

図をみるとわかるように、スペースセグメントとコントロールセグメントは双方向の通信がなされていて、スペースセグメントとユーザセグメント間では、放送の形がとられています。小型のユーザ受信機が直接衛星まで届くような電波を出すことは困難ですが、逆にいうと、受信機さえあれば、放送される電波を受信して世界中どこでも測位ができることを意味します。

複数の衛星測位システム

今は米国のGPSだけではありません

みなさんもご存知のように、現在の測位衛星は米国やロシアのものだけでなく、日本の準天頂衛星（以降「みちびき」と呼びます）、中国のBeiDou、欧州のGalileoそしてインドのNAVICがあります。東京である時刻に見える全ての測位衛星を天空図に示しました（インドの衛星は表示していません）。これをみるとわかるように、全部で30機以上の衛星を受信することができており（24時間で30機から40機程度で変化）、例えばGPSだけ受信していた20年ほど前と比較すると、その数が3倍以上に増加しています。GPSやGLONASS、Galileoの配置を見るとまばらに見えると思いますが、これはグローバルに地球上を周回しているためです。中国のBeiDouも今後グローバルに展開する衛星を増やす方向ですが、日本の「みちびき」はアジア・オセアニア周辺でのサービスを念頭においています。この図は東京から見た天空図ですが、もしニューヨークにいた場合どう見えるでしょうか？　ニューヨークからは「みちびき」は見えず、BeiDouの衛星群もほとんど見えないため、GPSとGLONASS、Galileoのみの配置となると思います。図の「みちびき」とBeiDouの衛星を消した状況を想像してください。逆にいうと、ニューヨークひいては欧米諸国よりも、アジア付近のほうが見える衛星が現時点では多いことになります。

数という観点では、GPSとGLONASSは大きな変化はありません。欧州のGalileoはこのまま衛星を増やしていき、中国のBeiDouは衛星を増やすとともにグローバルに展開する予定です。日本の「みちびき」はすでに4機が宇宙に存在し、さらに7機体制に向けて動いています、このように、これから数年かけて測位衛星が増加する時代に我々はいます。衛星測位による性能指標として、測位に利用できる数は重要です。そのため、民生利用において

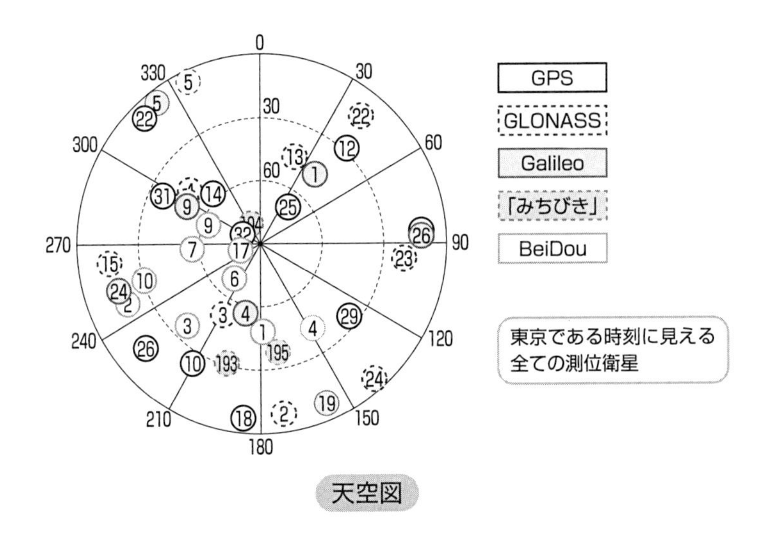

天空図

は、各国の測位衛星の相互運用性をできるだけ高めながら進んでいくことが極めて重要です。相互運用性が高いとは、ユーザの立場でいうと、受信機で異なる測位システムの衛星を利用して測位計算するときに、わずらわしさができるだけ少ないことを意味します。日本の「みちびき」は米国のGPSと同じ信号を送信しているため、衛星測位の世界にスムーズに入ることができました。あとは日本のみならずサービス範囲の海外にもユーザを増やしながら、「みちびき」を広く利用して頂くことが課題です。一方、インドのNAVICは、コンシューマ向けの受信機にまだ採用されていないL5帯の信号を採用したため、スムーズにこの世界に入ってきたとはいえない状況です。インドのNAVICはIRNSSとも呼ばれており、Indian Regional Navigation Satellite Systemのことです。筆者は最近になってこのIRNSSの観測データを、インドの研究機関の方からの提供でチェックする機会がありました。実際に単独測位演算をしたところ、GPS（L1）+IRNSS（L5）で単独測位はできていました。精度などの詳細はまだ見ていません。

なお、各国の衛星測位システム全体を総称して、GNSS（Global Navigation Satellite System）と呼んでいます。米国での国際学会でもGPSではなくGNSSが使われています。

位置を決める原理

三辺測量を思いだしましょう

衛星測位で位置を決定する原理は、三辺測量の原理に似ており、高校の数学で学習する空間座標の話も関連しています。三辺測量の原理は、座標が既知の2点を利用して、対象物と2つの既知点でできる三角形の辺の長さを測り、対象物の位置を求めるものです。図をみるとわかるように、点Aと点Bの位置とその2点からの距離が決まれば、点Cの位置が求まります。このとき辺ABに対して点Cの反対側にもう1つの位置の解がでてきますが、これは概略位置より判断することになります。

衛星測位の場合、既知点なるものが衛星そのものの位置になります。よって、衛星の位置はリアルタイムで正確に求める必要があります。また衛星と受信機の間の距離が三角形の辺の長さに相当します。3次元の位置を求める必要があるため、最低3つの既知点すなわち3つの衛星が必要です。図に3つの既知点である衛星から地球上の受信機の位置を求めるイメージを示しました。3つの衛星の位置を既知点として求め、そのときの衛星と受信機間の距離を正確に測定すれば、受信機の位置が求まります。

以上の話は、衛星の位置や測定される距離、そして衛星と受信機の時計が完全に同期しているときに実現できる話です。高校の数学までは解が1つに決定できる例が多かったと思いますが、実際の環境では困難です。衛星の位置を指先ほどの精度でリアルタイムに求めることは容易ではないですし、測定する距離についても同様です。距離を測定するときは、電波ですので光速を利用します。光速は1秒間に約30万 km進みます。衛星と受信機の時計が1マイクロ秒ずれているだけで、約300 mの誤差になります。例えば受信機の時計が衛星よりも1マイクロ秒進んでいると、300 m余分に長い距離として測定します。みなさんの腕時計の水晶発振器の精度を想像してみてくださ

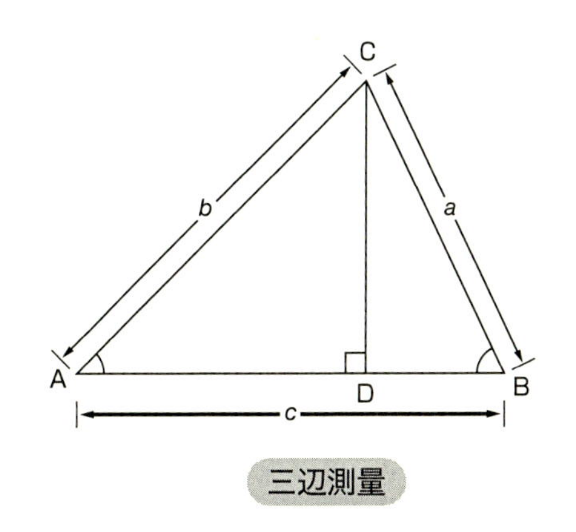

三辺測量

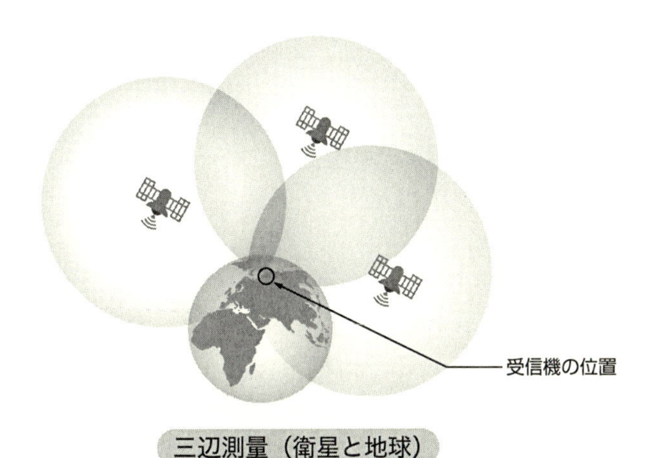

三辺測量（衛星と地球）

い。1ヶ月に1秒程度のずれであればよいほうではないでしょうか。しかし、1ヶ月に1秒ずれるということは、1日で約33ミリ秒、1時間でも1.4ミリ秒程度ずれてしまいます。1マイクロ秒どころではないですね。ここに電波を利用した距離測定システムの醍醐味があります。衛星の位置をリアルタイムに正確に求める技術、そして衛星と受信機の時計の同期の問題をどうするかという課題があるのです。特にユーザの受信機側の時計は高価なものを搭載することは不可能です。第3章で詳しく述べます。

衛星測位ユーザに必要なもの

スマホに全部入っています

ユーザが位置を求めるために必要なものは、みなさんの身近なスマホに入っています。そのおかげで、スマホで位置を出して地図上で確認することができますね。中をあけて確認することは大変だと思いますが、中に入っているのは、大きくはアンテナとチップの2つです。これだけです。どちらも1cmくらいの大きさしかないと思います。最近のスマホでは、GNSSの性能を向上させるため、アンテナが2つついているものもあるようです。集積回路技術の革新により、1cm四方程度のチップの中に衛星測位の全ての機能を詰め込むことができているのです。写真に、ある受信機メーカのチップと外付けの2～3cm四方のアンテナを示しました。このチップで7.0mm×7.0mmです。カーナビに搭載されているものもこのようなチップで、アンテナを外付けにできます。

この中に全ての機能が入っていると聞いても中身がブラックボックスですので、表に代表的な構成物とその機能をまとめました。

アンテナ	衛星から降ってくる信号をフィルタリング、かつ増幅します
高周波部	受信信号の周波数が高いので、中間周波数に落とし、さらにデジタル信号に変換します
信号処理部	衛星からの信号のコードの相関をとり、ドップラ周波数を推定して信号を取り込みます。さらに継続して信号を追尾します
観測データ出力部	測位計算に必要な擬似距離などを出力します
測位計算部	観測データを用いて位置や速度を推定します

出典：古野電気株式会社

受信機チップと外付けアンテナ

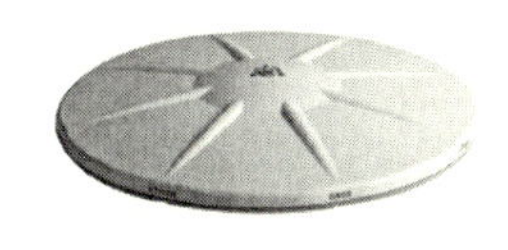

出典：Trimble Inc.

測量用の高精度受信機とアンテナ

上記は、コンシューマ向けに販売されているマスマーケット向けの話でした。従来からある測量用の高精度受信機の場合、チップ化されているものが少なく、写真のように大きな筐体にシールドされて販売されています。アンテナも一回り大きくなっています。測位精度の性能という面では、両者にまだ差があることは事実です。ただ、コンシューマ向けのGNSS受信機の性能向上はめざましく、その差が縮まってきていることは確かです。スマホとこのような測量受信機の位置結果を比較したとき、大きな性能の差がでます。その最大の要因はアンテナです。もしスマホの中のチップと外付けの2～3cm四方のアンテナを利用することができれば（実際には困難ですが）、スマホの位置精度は格段に向上します。スマホの場合、アンテナに大きさなどの制約があるため、受信信号レベルが低く、性能が封印されているのです。ユーザは用途に応じて選択すればよいのですが、測量用受信機を選択する人は限られています。測量を実際に行う人、企業のエンジニアそして大学の研究者などです。なお、自身で観測データを取得して測位計算部を改良したいときは、観測データを出力できるチップを選択し、出力用のUSBまでついたエバリュエーションキットを購入することを薦めます。

衛星を利用して位置を測る

位置を測るのは自分の受信機です

すでにご存知の方も多いと思いますが、衛星測位は「衛星」が我々の位置を測って教えてはくれません。我々の位置を教えてくれるのは、あくまでも「受信機」です。もちろん衛星がないと受信機で位置を計算することができないのですが。テレビのBS放送と同じです。BS放送はアンテナとテレビがないと何も見ることができません。衛星からは仕様書で決められた情報をのせた電波が、地球上に切れ目なく、かつ休まずに平等に降り注いでいます。その電波を利用するかしないかを決めるのはユーザです。

通常の無線通信と衛星測位で異なる点はどこにあるでしょうか。通信という意味ではスマホの通信と基本的に同じでその信号処理も類似しています。大きく異なる点は、距離を測るということです。衛星と受信機間の距離を測ることができなければ、衛星測位という言葉の「測位」の部分がすっぽり抜けてしまいます。さらにもう1つ、衛星の位置を知るという部分も異なります。例えばBS放送を受信する際に、アンテナを放送している静止衛星の方向へ向けて受信確認を最初にしますが、その衛星の位置を常に知る必要があるかというと、それはありません。一度設置すると、アンテナの向きが動かない限りずっとBS放送を見ることができます。

衛星測位では、衛星の位置を時々刻々計算しながら、衛星と受信機間の距離を求めて、最後に受信機自身の位置を計算します。このように書くとシンプルに感じますし、当たり前のことを行っているようにも思います。ただ、頭の中で思ってもそれを実現させることが極めて大変であり、国家レベルでの開発が必要であることは想像できるかと思います。最初に衛星測位システムを開発した米国やロシアは、完全に軍用を念頭に置いていたのですが、地球規模で利用できる軍用システムを考えていたという点で、その後、民生利

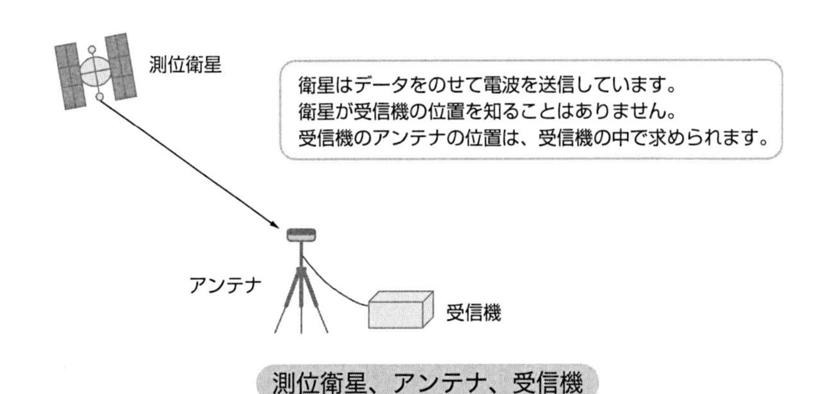

測位衛星、アンテナ、受信機

用に使われていったことは必然だったのかと思います。世界中どこでも手のひらにのる受信機端末さえあれば、誰でも自身の位置がわかります。位置情報は人間の活動になくてはならないものともいえます。

幸運なことに、米国のGPSやロシアのGLONASSが当初から無料で電波を送信しているので、全ての測位衛星の民生用の電波は無料で利用することができます。もし日本の「みちびき」のみ信号を受信するのに課金されると、どうなるでしょうか。おそらく「みちびき」を採用する受信機メーカが激減すると思います。現在は全ての測位衛星がこのような状況下で運用されているため、少なくともすでに無料で放送されている信号については今後課金されるようなことにはなりにくいと考えます。衛星測位は、軍用の側面とは切り離すことのできないシステムですが、今後もこれらを運用する国々が、民生利用において積極的に協調しながら、システムを維持していくことがとても重要だと思います。

コーヒーブレイク

受信機の小型化については、すでに述べてきたように、数mmサイズのチップとなっており、携帯電話などでは、アンテナも1 cm程度まで小型化されています。携帯電話などでは、まだ数mの位置精度が限界ですが、今後もし高性能な小型チップアンテナが開発されたとすると、携帯電話でも10 cmくらいの位置精度を得ることができるかもしれません。

衛星測位のアプリケーション

身近にたくさんあります

衛星測位を利用したアプリケーションはあまりにも多すぎて、すべてを紹介できません。身近な例でいうと、スマホの地図上で位置を確認したり、カーナビの地図に表示されている位置を確認するときでしょうか。目的地へ向かってどのようにいけば効率がよいかを調べるときに、とても便利です。実は、ほとんどの方はこのような使い方しかしていないかもしれません。筆者自身もそうです。もう少し利用している方だと、最近流行したスマホゲームがあります。これはGNSSを含む位置情報を活用することにより、現実世界そのものを舞台として、ゲームのキャラクターを捕まえたり、バトルしたりするといった経験をすることのできるゲームです。みなさんもスマホを手にキャラクターを探している集団を見かけたことがあるのではないでしょうか。

スマホのアプリには速度を教えてくれるものもあります。筆者は乗り物にのっているときにたまに利用します。衛星測位は位置情報がどうしても前面にでてきますが、実は速度測定や時刻同期にも利用できます。例えば、新幹線がどのくらいのスピードで走行しているのか知りたいときは、窓側の席に座ってスマホの速度測定アプリを立ち上げると、トンネルの中でなければ数秒で速度が表示されます。室内ですので、速度誤差がやや大きくなるときがありますが、上空が開けた場所であれば、数 cm/sの精度で出力する能力があります。東海道新幹線が2015年に最高速度をアップしたとき、筆者は手元のスマホで確認しました。東京から乗車すると新横浜を過ぎたころからスピードがアップします。最高速度が変わる以前に乗車したときは270 km/h前後以上の速度はでていなかったのが、何事もなく270 km/hを超えて285 km/h前後まででていました。

出典：株式会社 GISupply

位置情報の取得に便利なGPSロガー（バッテリ内蔵）

時刻同期も、衛星測位の機能としてはわかりにくいかもしれません。GPS時計がまさに時刻同期のアプリケーションを体現しています。GPS衛星はとても安定した原子時計を搭載しており、それぞれの衛星でものすごく高い精度で時刻同期がなされています。GPS時計を持っているユーザは、そのチップで位置を測定することができるのですが、位置を測定すると同時に、自身の時計の誤差をかなり正確に把握することができます。その誤差量を差し引くことで正確な時刻を維持することができます。位置がわかっていますので、世界中を旅行しているときも、その国におけるローカル時刻に修正することも容易です。またGPS時計は時刻同期よりもむしろ運動に利用されている方も多いと思います。実際にランナーやサイクリストの方に聞いたのですが、運動量や位置情報の管理にとても便利だと評判のようです。

コーヒーブレイク

写真のGPSロガーは筆者も愛用しているものです。GPSとありますが、現在はGPSやGLONASS、「みちびき」にも対応しています。昔スキーをしているときに帽子にロガー（左のほう）をつけて直滑降で速度をチェックしたことがあるのですが、60 km/h くらいになると、少し怖かったです。自分が思っているよりも、速度の変化がよくわかり、トレーニングによいのではと思いました。

COLUMN

GPS開発の歴史

米国でのGPS開発の経緯について、海外の教科書などで公表されるようになり一般の我々にも知るところとなっています。GPSの前身はトランシットと呼ばれる衛星測位システムで、ドップラシフトの利用を基礎としていました。地球上空を周回する衛星からのドップラシフトは、地球上の固定点ではある程度決まった値になります。この事実を逆に利用して、受信したドップラシフトより自身の位置を推定していました。トランシットの開発段階での研究者は、ロシア（当時のソ連）の世界初の人工衛星「スプートニク1号」の送信電波を受信することで、上記のアイデアを思いついたそうです。GPSはトランシットの後に実用化されましたが、ドップラシフトではなく、衛星と受信機間の伝搬時間を測定することで、3次元の位置を瞬時に決定するものとなりました。移動体の位置を推定する意味において、GPSのほうが優れており、精度もトランシットの数百mから数mへ向上するものとなりました。

参考文献：Pratap Misra: *GPS for Everyone: You are Here*, Ganga-Jamuna Press, 2016.

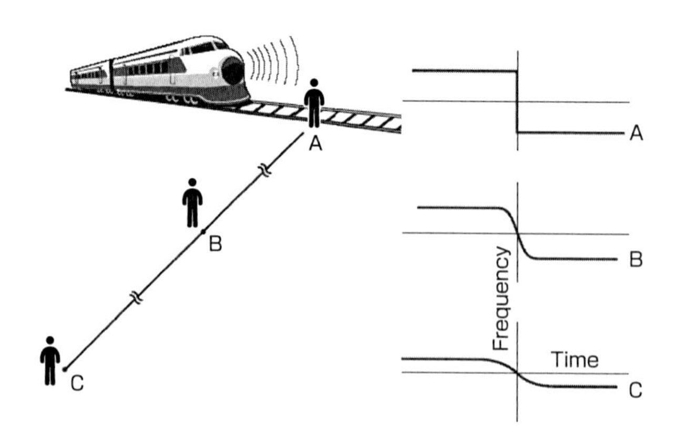

第 2 章

衛星の役割

出典：qzss.go.jp

測位のための衛星

衛星は一番高い場所にあります

人工衛星には様々な種類があり、それぞれの役割をもっています。衛星測位における衛星の役割は、位置を求めるための「的」になってくれることです。できるだけ遠くにあったほうが、地球上の広範囲から見える「的」となることができます。実際GPSの場合、地上からの高度は地球の半径である約6,400 kmの3倍以上（約20,000 km）で、中くらいの高さなので中軌道と呼ばれます。図に地球と測位衛星の位置関係を示しました。測位衛星の中でも様々な軌道があり、GPSのように中軌道を世界中ぐるぐるまわる衛星もあれば、準天頂衛星「みちびき」のように地球の自転に同期しながら8の字を描くものもあります。また静止衛星もあります。グローバルな衛星測位システムを目指す国は、ほぼGPSと同様の中軌道を選択し、狭域の衛星測位システムを目指す日本の場合、同じ経度付近に衛星が滞在するような軌道を選択しています。どちらにしても地球から遠く離れた場所に存在するため、低軌道の人工衛星にGNSS受信機を搭載すると、位置を測定することができます。これから利活用が期待されている超小型衛星にもGNSS受信機が搭載されています。測位衛星よりも高度の高い領域でも利用できそうですが、測位衛星に搭載されるアンテナは常に地球の方向を向いていて、アンテナからの送信ビームは地球に対して±20度以内程度ですので、実際には測位衛星より高い宇宙での測位は不可能です。衛星本体と衛星のアンテナからの送信ビームのイメージを図に示しました。

測位衛星の役割は、正確な位置を求めるための情報を送信すること、受信機が距離を測定できるように信号を送信すること、それらを正確に行うために、衛星の時計を随時モニタリングし、衛星自身の時計のずれ（バイアス）を管理することなどがあります。打ち上げや開発のコストが莫大ですので、

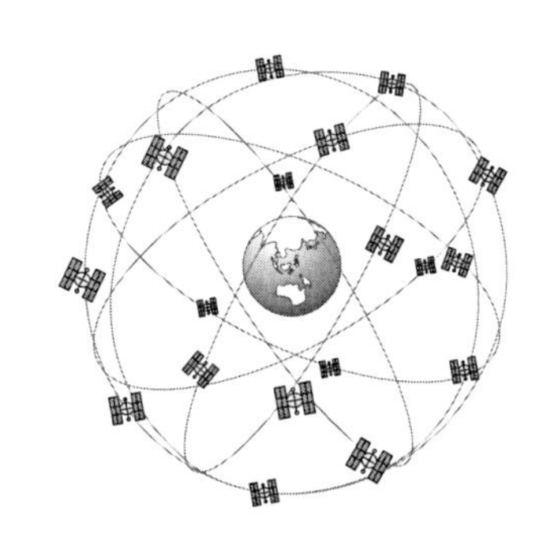

測位衛星のイメージ図

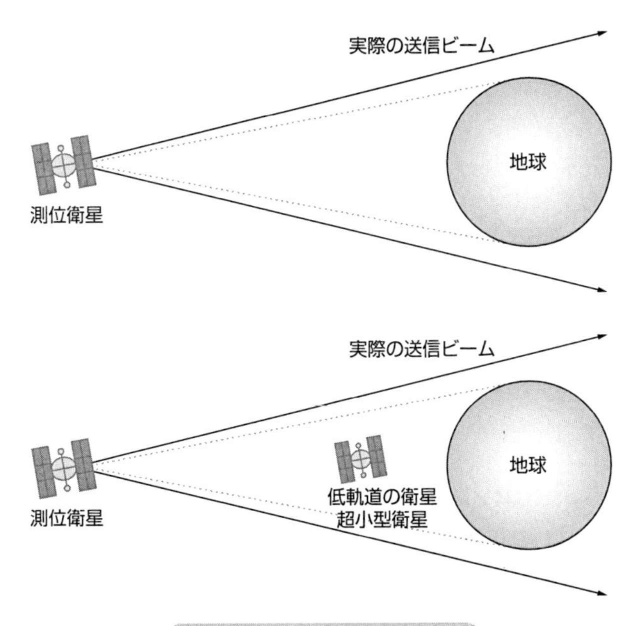

地球と測位衛星の位置関係

衛星本体には、設計寿命を満足する高い品質や信頼性が求められます。最近の研究発表では、小型の低軌道衛星に測位機能を持たせることができないかという検討もあります。実用的な利用につながるかどうかはともかく、研究や実験レベルではおもしろいと筆者も考えています。

10 衛星の軌道

とても重要な6軌道要素の説明です

衛星を測位に利用するために、衛星の軌道を知ることは必須です。ここでは衛星の軌道がどのようになっているのかをケプラーの法則をおさらいしながらみていきます。ケプラーの法則は、惑星と太陽の関係を表現したもので、以下の3つになります。

- 惑星は太陽を1つの焦点とする1平面上で楕円軌道を描く
- 惑星が太陽のまわりを回るときの面積速度は一定である
- 惑星の公転周期の2乗は、軌道長半径の3乗に比例する

この不断の観測により発見された法則性は、「太陽と惑星」の関係を「地球と人工衛星」に置き換えることができます。つまり、衛星の運動は地球を1つの焦点とする楕円運動によって記述されます。この軌道は6つのパラメータによって表され、ケプラーの6軌道要素と呼ばれています。これはある時刻での衛星の位置及び速度を決定するものです。

6軌道要素について図を使いながらみていきます。図では赤道面をXY面とし、春分点方向にX軸をとり、天の北極方向にZ軸をとっています。原点は地球中心です。6軌道要素には番号を振っています。最初は楕円軌道の特徴を決定する①長半径と②離心率です。この2つのパラメータにより楕円の形が一意に決まります。次は軌道面の向きを決定する③軌道傾斜角と④昇交点赤経です。軌道傾斜角は、赤道面に対する軌道面の傾きを、昇交点赤経は、軌道と赤道面の交点（昇交点）の春分点方向からの角度を表します。次は軌道面内での楕円の向きを決定する⑤近地点引数です。昇交点から近地点方向までの角度を表します。ここまでの5つで衛星の軌道を表現できます。最後は軌道上の衛星位置を決定する⑥平均近点離角です。これは近地点から衛星位置までの角度です。合計6つになりましたね。これらのパラメータは

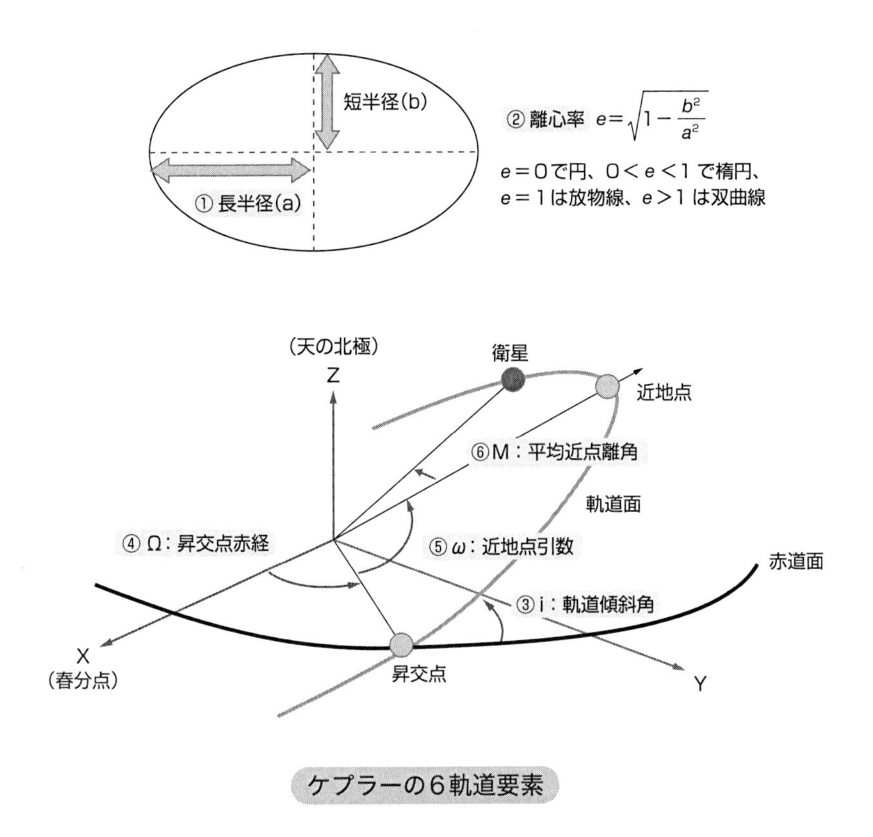

ケプラーの6軌道要素

測位衛星から送信される天体暦（アルマナック）と呼ばれる情報に含まれています。

アルマナックの位置精度はおおむね数百mから1km程度です。約1週間有効な値となっています。アルマナックは全ての測位衛星より放送されており、GPSのような中軌道でも、「みちびき」の静止軌道及び静止軌道を少し傾けた8の字軌道でも、この6つの軌道要素で表現することができます。

測位衛星の軌道は、一般の方にはイメージしにくいと思います。このアルマナックの軌道要素より、自身で計算し、図に示してみることで、より理解が深まると思います。計算アルゴリズムはGPSの仕様書に公開されています（https://www.gps.gov/technical/icwg/）。

11 衛星からの信号

CDMAという通信技術も使われています

GPSをはじめとする測位衛星の信号には大きく3つが含まれています。搬送波、擬似雑音符号そして航法メッセージです。図に3つがどのようにブレンドされるかの概観を示しました。

搬送波は、データを運ぶキャリアで、正弦波をイメージしてください。GPSのL1帯の場合、中心周波数が1.57542 GHzです（厳密には送信側で相対論補正がされています）。1秒間に1,575,420,000回ビートする正弦波で、波長はビート数を光速で割ると求められ、約19 cmです。擬似雑音符号は少し聞きなれない言葉かもしれませんが、ようは0, 1で変化する矩形波のコードです。GPSのL1-C/Aの場合、1.023 Mbpsで0, 1が変化します。L1の後にC/Aと書いたのは、この擬似雑音符号がC/Aコードと呼ばれるためです。このコードを搬送波に掛ける作用がCDMA（Code Division Multiple Access）の技術で、コードで区別して同時に複数のアクセスを可能にするという意味になります。GPSや「みちびき」が同じ周波数で複数の衛星から送信しても混信しないのは、このコードが衛星ごとにそれぞれ異なるためです。スマホでもLTE以前に使われていた技術です。

なお、元の搬送波に1 Mbpsを超えるような広い帯域のコードを掛けると、元の信号を拡散することになり、受信側はこのコードを知っていれば逆拡散すなわち元の信号を復調することができます。この技術はスペクトラム拡散と呼ばれます。送信側のコードを知らないと復調できないため、秘匿性が高いともいえます。測位衛星ではこのコードを重要な距離測定にも利用しています。

3つ目の航法メッセージはGPSのL1-C/Aの場合、50 bpsのデータです。ここに衛星自身の情報、すなわち軌道情報や時刻、健康状態を示すフラグな

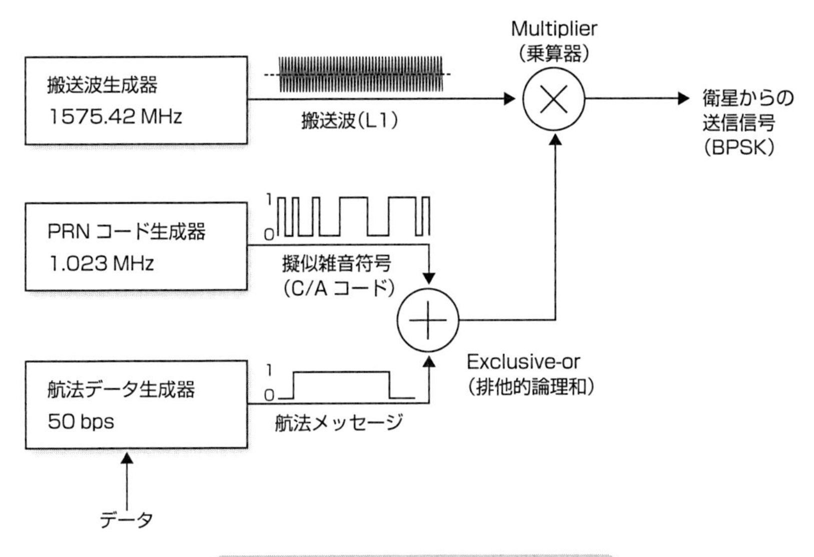

衛星からの送信信号のダイヤグラム

どが含まれています。

これら3種類のうち、2つ目の擬似雑音符号（コード）と3つ目の航法メッセージ（データ）をどのように1つ目の搬送波（キャリア）にのせるかですが、GPSのL1-C/A信号では、シンプルなBPSK（Binary Phase Shift Keying）変調が用いられています。まずコードとデータを排他的論理和で合成し、合成後の0,1のビットの偏移に応じて搬送波の位相を0度または180度ずらすだけです。こちらも上記と同じ図に概要を示しました。

代表的なGPSのL1-C/A信号のみ紹介しましたが、他の信号も周波数やコードそして変調方式に違いはあるものの、基本的に同様の方法で衛星から送信されています。ただし、GLONASS衛星だけは、CDMAではなくFDMA（Frequency Division Multiple Access）の通信方式を利用しており、それぞれの衛星から異なる周波数帯で送信されています。GLONASS以外はすべてCDMA方式が利用されており、相互互換性の観点より、将来GLONASS衛星もCDMA方式に変更される可能性は残されていると思います。

衛星からのメッセージ

衛星の位置を求めることができます

衛星からの信号に含まれる航法メッセージには、様々な情報がのせられています。大きく6つに分けると、衛星の時刻、軌道情報（エフェメリスと呼ばれ、1m程度の精度です）、衛星時刻（GPS時刻）を正確に求めるための補正値、おおよその軌道情報（アルマナックと呼ばれ、1km程度の精度です）、電離層の情報、そして衛星の健康状態です。

全て重要な情報ですが、この中でも衛星の軌道や時計誤差を計算するためのエフェメリスがとくに重要です。GPSの場合は2時間ごとに更新されています。図にエフェメリスの利用イメージを示しました。エフェメリス情報の更新はIODE（Issue of Data Ephemeris）という番号で管理されています。衛星測位の3つのパートがうまく連携していることがわかると思います。

ユーザの受信機は、衛星から放送されるメッセージに従って衛星位置を計算します。衛星がメンテナンス期間に入るときなどは、必ず事前に健康状態のフラグが「使用不可」を示し、ユーザ側が間違って利用しないようにしています。エフェメリスの内容をみると、軌道を表す代表的な6軌道要素と、さらに精度を向上させるためのたくさんの補正係数があります。6軌道要素だけだと、1mの精度を出すことは不可能ですが、補正項を考慮することで精度を1m程度まで高めています。補正項とは、衛星自身の時刻のずれを補正するためのものや、摂動と呼ばれる効果を考慮するものです。衛星には原子時計が搭載されていますが、それだけでは不十分で、全ての衛星の時刻を統一するべく、それぞれの衛星が自身の誤差を放送しています。摂動とは、地球の重力場が不均一であること、太陽や月の引力、太陽の輻射圧などの影響を意味します。

これら軌道情報を各衛星測位システムの仕様書に記載されている式に基づ

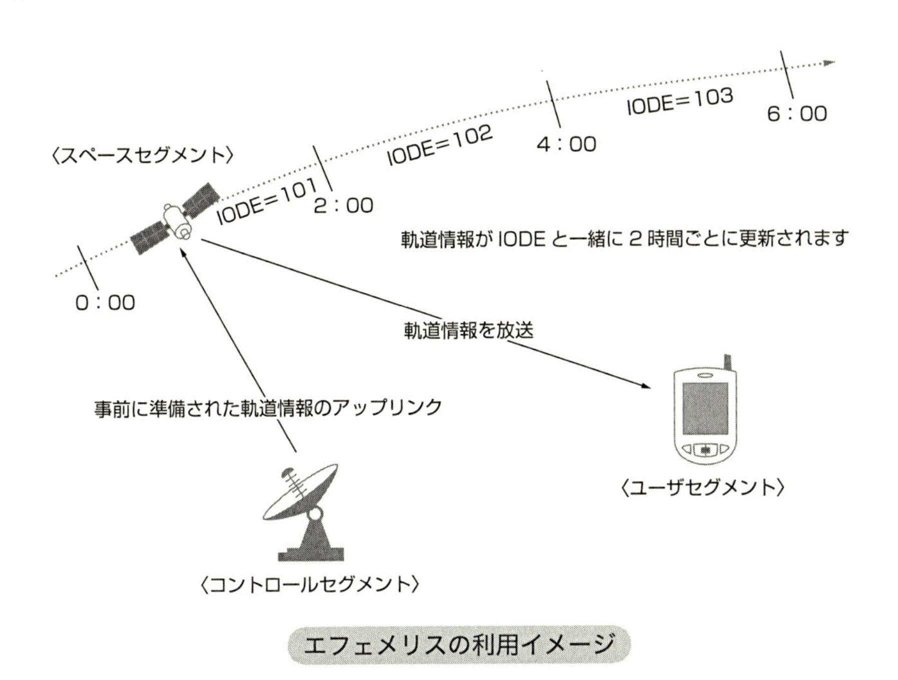

エフェメリスの利用イメージ

いて計算します。「みちびき」はGPSと同じフォーマットで、GalileoやBeiDouも同様なので、ほぼ同じ計算ルーチンで各国の衛星位置を計算できます。GLONASSだけは他と異なるフォーマットで放送しています。GLONASSの場合、実際のある時刻での3次元座標（X, Y, Z）の値を放送し、ユーザ側で使用する時刻に補間して位置を計算しています。

なお、航法メッセージの量は、GPSの場合エフェメリスだけで1500ビットあり、通信速度は50 bpsなので全て受信するのに30秒要します。逆にいうと、カーナビなどを起動した直後は、高精度で衛星位置を計算できないので、1 mの位置を出力することは困難です。30秒程度待ってからようやくまともな値が表示されることがあります。最近では、長期エフェメリスという技術を用いて、起動直後でもそれなりの位置をだせるものもあるようです。またスマホの場合、スマホの高速な回線で、瞬時にエフェメリスを受信することも可能ですね。ユーザの利便性向上のために様々な対策がされています。

⑬ 衛星の概略位置

1 kmくらいの精度で計算します

衛星の1 kmくらいの精度での位置は、アルマナックを使って求めることができます。アルマナックは衛星位置を6軌道要素で表わしているので、わかりやすい3次元座標に変換する必要があります。実際に全部の変換式を書くと大変なので、ここでは概要を述べます。位置を求めるまえに座標系について簡単に説明します。X軸が基準子午線、Z軸が天の北極方向、Y軸は、Z軸を中心に右向きにX軸を回した軸となります。XY面は赤道上の平面となります。図に概要を示しました。

表に実際のアルマナック情報を示しました。表のうちケプラーの6軌道要素については*マークをつけています。948週のGPS 1番衛星のものです。948週というのは、1980年1月6日（日）0時（協定世界時）に開始されたGPS時刻に基づいた積算週です。37年以上も経過していて948週は少ないと気づいた方もおられると思いますが、これは一度1023週で0にもどっているためです。週番号に10ビットしか割り当てられていないため、1023以上は数えられないのです。Healthは衛星の健康状態で、その衛星が利用できるかどうかの重要な情報です。基準時刻はこのアルマナックの元期にあたり、この情報がいつのものかを表わします。求めたい時刻からこの基準時刻を引いた経過時間を用いて衛星位置を求めます。衛星の時計バイアスはここでは利用しません。

衛星の3次元座標上での位置をアルマナック、つまり6軌道要素から求める手順は次のとおりです。本文中の番号はP.23の図と同じものです。まず、①軌道長半径と②離心率から楕円を生成し、図のXY面におきます。近地点は楕円の形から決まっているので、⑥平均近点離角から、楕円上の衛星位置を求めます。そして、⑤近地点引数で楕円の向きを決定し、昇交点がX軸上

******** Week 948 almanac for PRN-01 ********

ID:	01(衛星番号)
Health:	000(000はOK)
Eccentricity:	0.7082462311E-002(*離心率)
Time of Applicability(s):	319488.0000(この情報の基準時刻)
Orbital Inclination(rad):	0.9686932881(*軌道傾斜角)
Rate of Right Ascen(r/s):	-0.7714607059E-008(昇交点赤経変化率)
SQRT(A) (m 1/2):	5153.631836(*軌道長半径)
Right Ascen at Week(rad):	0.1134616230E+001(*昇交点赤経)
Argument of Perigee(rad):	0.632531510(*近地点引数)
Mean Anom(rad):	-0.2335504849E+001(*平均近点離角)
Af0(s):	-0.6675720215E-005(時計バイアス)
Af1(s/s):	-0.3637978807E-011(時計バイアスの1次項)
week:	948(GPS週番号)

アルマナック情報

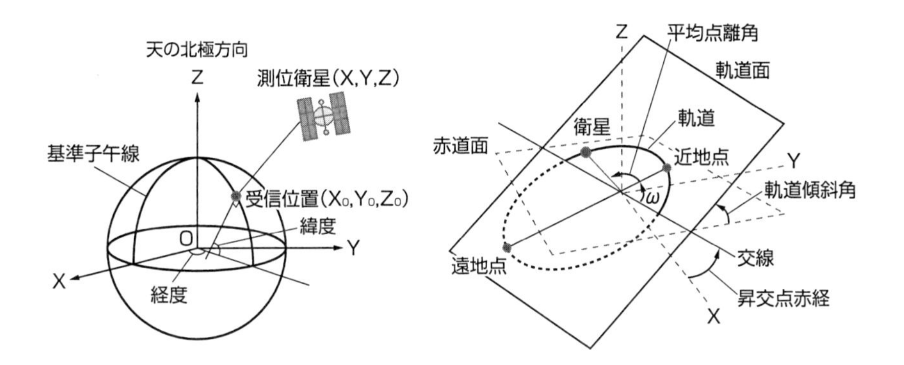

アルマナックの3次元座標への変換

にくるようにXY面内で回転させます。さらに、③軌道傾斜角分だけX軸回りに回転し、④昇交点赤経分だけZ軸回りに回転します。

以上でおおよその衛星の位置を求めることができました。ただ、この位置は地球中心に固定されたX, Y, Z軸に対する位置が3次元で求まります。これでは一般の方々にはまだわかりにくいため、さらに緯度・経度・高度の座標系に変換することが多いです。図の地球中心座標系からユーザ自身を原点とする地平座標系への変換です。

COLUMN

天空図と仰角・方位角

衛星測位の衛星の位置を示すために、よく利用されるのが天空図です。下の図（左）をみてください。アンテナは研究室の屋上で、時刻は2017年12月19日の日本時間18時15分頃です。UTCでは9時15分頃になります。このときに受信機で受信されている5つのGNSSの衛星を示しています。上が北、右が東、左が西、下が南方向です。方位角は北が0度で、時計回りに360度までです。図の真ん中が天頂方向で仰角90度、端の円周が仰角0度になります。日本の「みちびき」は193番と194番、195番の3機がみえます。194番は数字が半分かくれていますが、ちょうど天頂付近にいますね。上空を見るときに南を向いて上を見上げると、上が北、下が南、右が西、左が東になることに注意してください。また、右に示した大学構内での例は別の時間帯の少し異なるデータになりますが、魚眼カメラで撮影した上空の画像と実際の測位衛星をあわせて示すと、どの衛星からの直接波が受信できるかがよくわかります。このように魚眼カメラを利用して品質のよい衛星を選択することができます。

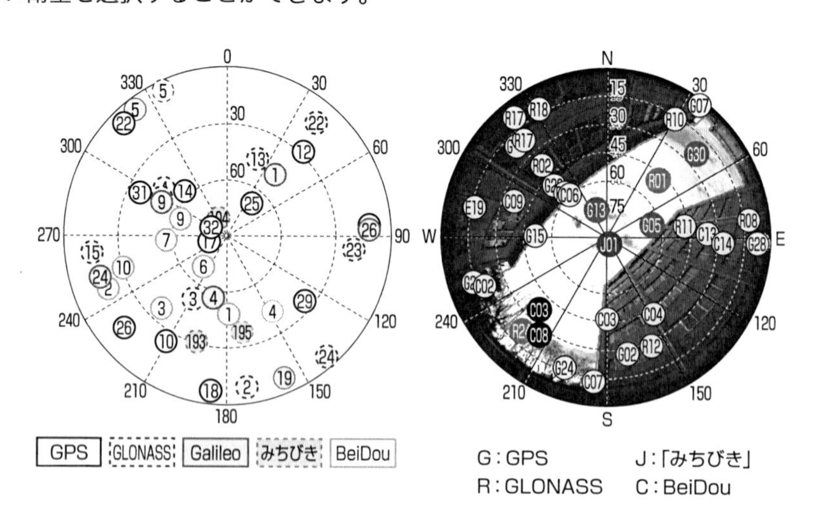

第 3 章

受信機の役割

出典：qzss.go.jp

受信機の構成と特徴

3つのパートに分けることができます

受信機は図に示した通り、高周波部と信号処理部、そしてデータ解読及び各種演算部（航法演算部）の3つに大きく分けることができます。受信機の前段には、アンテナがあります。衛星からの信号は、アンテナから低雑音増幅器を介して受信機の高周波部に入り、信号処理しやすい所定のデジタルデータに変換され、次いで信号処理部で信号の捕捉と追尾が行われます。信号追尾ができると、航法演算部で衛星からの航法メッセージの解読ができ、距離情報などの観測データを得ることができます。これらの情報より、位置や速度を計算、決定し、その結果が受信機から出力されます。我々がみている測位結果は、受信機で適切に処理された最終の産物であることがわかります。次に受信機の3つのパートのそれぞれの特徴をみていきましょう。

高周波部での特徴は、中間周波数と帯域幅、そしてサンプリング周波数などで決定されます。GPSのL1-C/A信号の場合、衛星からの送信周波数が1.57542 GHzで帯域幅は20 MHz以上です。以上と書いたのは正確な数値がわからないためです。1 GHzは10の9乗ですので、非常に高い周波数です。受信機ではもう少し低い周波数（中間周波数）に落として扱いやすくしています。また最近では中間周波数ではなく、0周波数まで落とすものもでてきています。受信機の帯域幅とは、例えば衛星側が20 MHzの帯域幅で送信している信号を、受信機側で2 MHzの帯域幅で受信すると、衛星からの情報が少しなまったものとして処理されます。できるだけ送信側と同等の帯域幅で受信しておくことがベストな性能をだせるとされています（帯域幅が広い分、雑音は増加しますので対策は必要です）。サンプリング周波数は、デジタルデータに変換（サンプリング）する速度です。例えば20 MHzサンプリングの場合、距離に換算した細かさは、電波の速度である光速を20 MHzで

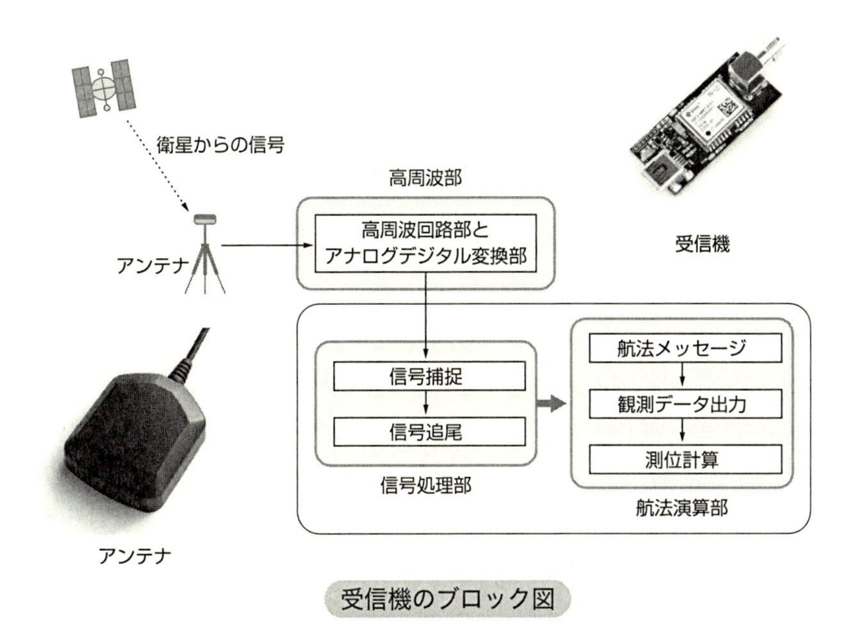

受信機のブロック図

割って約15 mとなります。これは位置精度の限界も15 m程度という意味ではなく、あくまでもサンプリングの細かさの話をしています。

信号処理部では、デジタルデータを扱うため、例えば普通のPCでも処理可能です。衛星から送信されてくる信号を連続的に受信するため、信号を捕捉して追尾する必要があります。基本的には、ドップラ周波数とコードの2つを追尾することで、衛星からの信号をもれなく情報として利用可能にしています。

最後の航法演算部では、航法メッセージや観測データを出力し、それら情報を利用して測位計算を実施します。航法メッセージの解読は信号追尾によるビット情報から抽出し、例えば擬似距離観測データは、信号処理部の一意に決めた時刻タイミングで、衛星から受信機までの伝搬時間より計算します。

測位計算で得られる位置精度は、これらの3つのパートの処理全てになにかしら依存しているといえます。

測位衛星から受信する信号レベル

とても弱い電波を受信します

自然界の雑音レベル（常温）は帯域幅を一般的なコンシューマ向けGPS受信機の2 MHzと同じと仮定して、−115 dBm程度です。ではGPS衛星のL1-C/A信号の場合どのくらいの受信レベルかというと、−130 dBm程度（GPSアンテナ周辺）になります。GPS信号の電力が地上でノイズレベル以下と言われる理由はここにあります。単位dBmの値は1 mWを基準にしたときの電力をPとすると、$10 \log P$で計算できます。−130 dBmは10^{-13} mW（10^{-16} W）です。10 dBm違うと、1桁電力が違います。GPSに限らず測位衛星はすべて同様ですので、地上では実にかすかな電力しか受信できていません。衛星測位が干渉に弱いといわれる理由の1つです。

次に衛星測位の信号強度を語るときに頻繁に使われるC/N_0（Carrier to Noise ratio）について説明します。これは信号電力と雑音電力スペクトル密度の総和の比です。全ての周波数に対して等しい強さの雑音成分をもつ白色雑音を仮定すると、雑音は想定する帯域幅が広いと大きくなり、狭いと小さくなります。単純に測定する帯域を10倍にすると雑音レベルが10倍になります。雑音レベルは単位Hzあたりの雑音電力と帯域幅との掛け算といえます。

測位衛星からの信号電力が−130 dBm（基準電力を1Wとすると−160 dBW）で、1 Hzあたりの雑音電力が−202 dBW/Hz程度ですので、C/N_0は42 dB-Hzとなります。これはあくまでも1 Hzあたりの信号強度です。もし2 MHzの帯域幅を考えると、雑音電力は帯域幅をかけて（つまり−202 dB + 63 dBとなって）−139 dBW/2 MHzとなるため、信号強度は−21 dBとなります。このように、雑音電力は想定する帯域幅をどうするかで変わるため、通常1 Hzあたりの電力密度に換算し、表示することが多いです。これがまさにC/N_0となります。

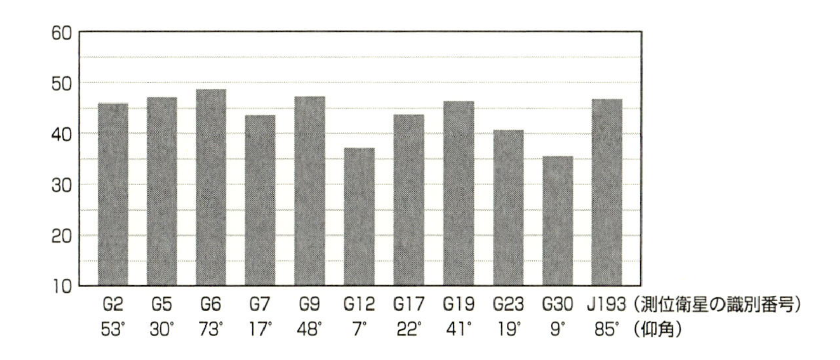

C/N₀ (Carrier to Noise ratio)

多くのGNSS受信機が製造されていますが、ほぼ全ての受信機はこの C/N_0 をデジタル数値として出力しています。周囲の開けた環境（オープンスカイ）で、GPS衛星の C/N_0 はおおむね37 dB-Hz程度から50 dB-Hz程度となります。ある瞬間のGPSと「みちびき」の屋上での信号レベル値を図に示しました。幅がある主な要因は、受信側から見た衛星の仰角に応じて、衛星側の送信電力や受信側のアンテナの利得が異なるためです。信号強度は最終的な位置精度に強く影響します。もし想定される信号強度がでていない場合は、その原因を取り除くことが大事です。

通常、受信機とアンテナそしてケーブルのセットで販売されているものは、想定された信号レベルで受信できるように準備されています。もし基準局用に購入したセットのうち、ケーブルの長さが足りないなどの理由で、ケーブルを変更する場合は、ケーブルの減衰量をチェックする必要があります。カタログなどには周波数ごとの1 mあたりの減衰量が示されています。また、アンテナのみを交換する場合も、アンテナのLNA（低雑音増幅器、Low Noise Amplifier）が重要です。これは、アンテナ直下で信号を増幅する装置です。通常のパッチアンテナで26 dB程度、測量用途のアンテナでは40～50 dBに達するものもあります。これらすべての要素をかんがみて、受信機とアンテナそしてケーブルを準備する必要があります。

16 測位衛星からの信号の捕捉

信号処理の重要な部分です

電波をアンテナで受信し、高周波部でデジタルデータに変換した後、最初に信号を捕捉します。アンテナが受信する様々な電波の中から、測位衛星の信号を、まずはおおざっぱに捕らえようということです。手がかりは、コードとドップラ周波数（衛星から送信される周波数と、受信機で受信する周波数とのずれ）です。GPSのL1-C/A信号の場合、1.023 Mbpsの速度で1,023ビットのコードが1 msごとに繰り返し送信されています。考慮すべきドップラ周波数の範囲は、静止したユーザでの最大値（衛星が地平線から上昇してくるとき）で5 kHz程度です。受信機自身の発振器の周波数オフセットを考慮して、衛星が送信する周波数を中心に±7 kHz程度で探索します。

では、どうやって捕らえるのかですが、基本は相関処理になります。衛星から送信されてくるコードの情報はあらかじめわかっていますので、受信機側で同じコードを生成して、例えば1 ms分のデータを順番に取り出して相関処理を行います。コードとドップラ周波数を探索するので、2次元領域での相関をとります。図にイメージを示しました。横軸がデータ、縦軸がドップラ周波数になります。コードを探索する細かさはサンプリング周波数に依存します。例えば、サンプリング周波数を40.96 MHzとすると、1 msのデータに対して、40,960個の数値がでてきます。次にドップラ周波数の探索ステップですが、例えば1 msのデータであれば、その逆数の1 kHz未満でよいです。2 msのデータで500 Hz未満という計算です。この2次元探索で、相関が最大になる箇所を探しだすのが信号捕捉の役割です。1 msのデータの場合、周囲の開けた場所でも低仰角衛星（仰角が15度を下回るような衛星）では、十分に強い相関を得ることができないことがあります。そういうときは例えば10 ms分のデータで、各グリッドで1 msごとの相関の和をと

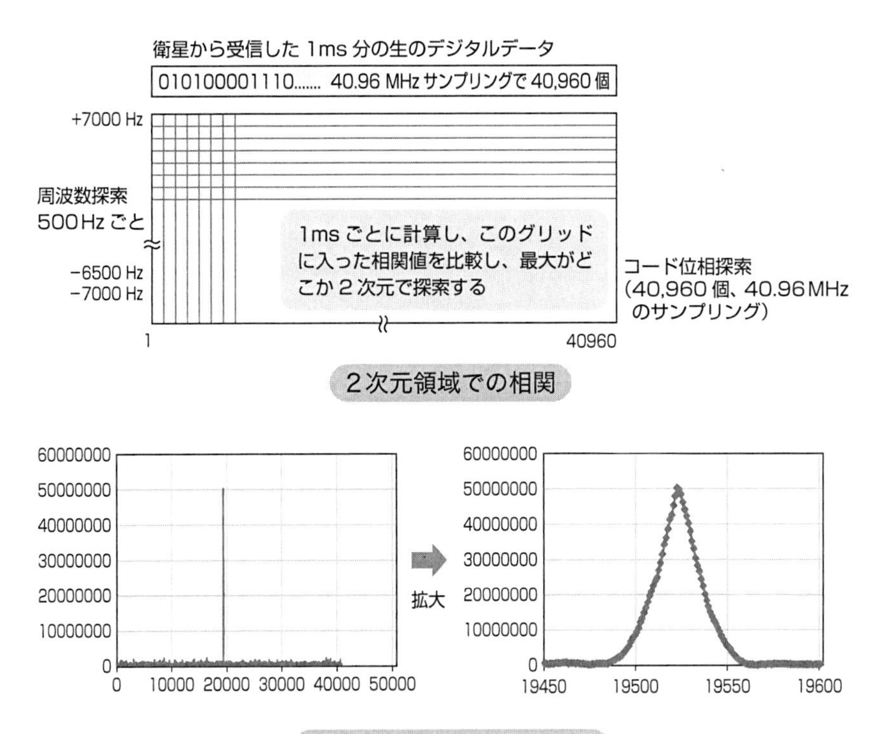

2次元領域での相関

GPS4番衛星の信号を捕捉

り（コードとドップラ周波数のBINごとに相関をとります）、最終的な相関値を比較することで、低仰角の衛星でも十分信号捕捉できます。

実際に、GPS 4番衛星の信号を捕捉したときのコード探索方向の結果を示しました。横軸がデータのサンプリング値で縦軸が相関値、4 ms分のデータを利用した結果です。ドップラ周波数は1500 Hz（後で計算すると1748 Hz）でした。40,960個のうち、19,522番目で相関値が最大でした。右拡大図の三角形の右半分で約40個の相関値（1,023個のコードのうち1つのコード分が約40個に相当します。サンプリング周波数が40.96 MHzなので、1.023 MHzのチップレートに対して1つのコードで40個相当です）があります。この19,522番目が何を意味するかですが、このタイミングがまさに衛星からの1 ms分のデータを眺めたときの、コードが繰り返される最初の位置になります。コード、ドップラ周波数ともに、おおよその捕捉ができたといえます。

測位衛星からの信号の追尾

信号処理の重要な部分（その2）です

信号捕捉の次のステップが追尾になります。コード追尾は、信号捕捉で求めた相関波形をできるだけきれいな形で維持することを意味します。測位衛星はGPSの場合、時速4 km/sで常に動いており、ユーザ側も歩行者から飛行機まで様々な動きをするものがあります。受信機はできる限り多くの可視衛星の信号を捕らえておく必要があり、信号追尾さえできれば、測位計算に必要な観測データを生成することができます。

GPS衛星からの送信信号とユーザ側での受信信号の式を以下に示しました。

$$s(t)=\sqrt{2P_{\mathrm{tmt}}}\,D(t)x(t)\cos(2\pi f_{\mathrm{L}}t+\theta_{\mathrm{tmt}})$$

$$r(t)=\sqrt{2P_{\mathrm{rcv}}}\,D(t-\tau)x(t-\tau)\cos(2\pi(f_{\mathrm{L}}+f_{\mathrm{D}})t+\theta_{\mathrm{rcv}})+n(t)$$

たった2つの式ですが、この式を見ると信号追尾で何をしなければならないかがわかります。$s(t)$は送信信号で、Dが航法メッセージ、xが擬似雑音コード、$\cos(2\pi f_{\mathrm{L}}t+\theta_{\mathrm{tmt}})$は搬送波そのもので位相が付加されています。受信信号の$r(t)$をみましょう。$r(t)$から元の信号の$s(t)$を知るために受信機がしなければならないことは、伝搬時間であるτとドップラ周波数のf_{D}、そしてθ_{rcv}とθ_{tmt}の位相差を推定することです。tmtは送信時の時刻を示し、rcvは受信時の時刻を示します。凧揚げの凧を測位衛星に変えたものを図に示しましたのでイメージしてください。衛星とユーザ間の伝搬時間τは距離に換算でき、ユーザと衛星を結ぶ紐の距離に相当します。ドップラ周波数f_{D}はユーザと衛星の相対運動そのものなので、単位時間当たりで紐をどれだけのばしたり、ひっこめたりしたかの量に相当します。GPSのL1-C/A信号の場合、波長が約19 cmです。位相を追尾するためには、mmレベルの精度でこの位相差を捕らえ続ける必要があります。

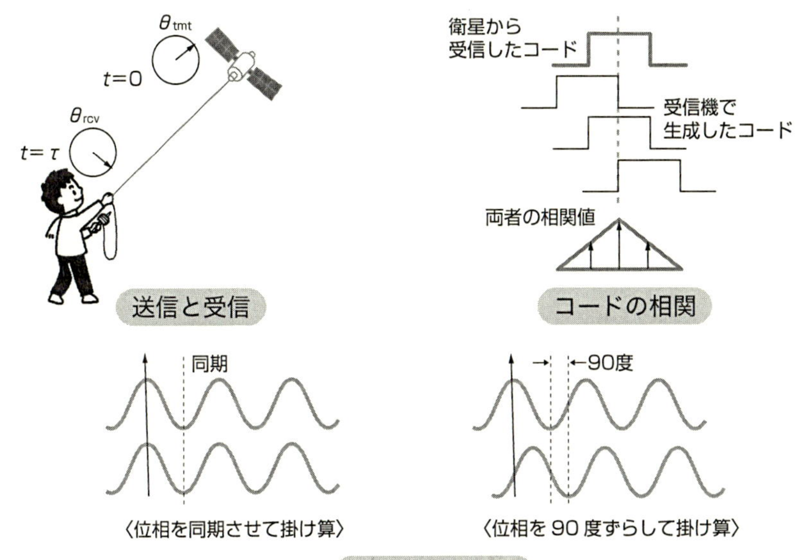

具体的に受信機の中でどのように信号を追尾しているか、みていきましょう。衛星から送信される周波数は1575.42 MHzで、1.023 Mbpsのコードが1 msごとに繰り返し放送されています。受信機に入ってくる1 msごとの1,023個の矩形波と完全に一致するような矩形波を受信機側でも発生させて、相関をとります。図にそのイメージを示しました。あえて少し早いタイミングと遅いタイミングで発生させて相関ピークを捕らえ続けます。これがコード追尾です。なお、ドップラ周波数もコードと同時に1 Hz以内の精度で推定しています。

次に位相追尾ですが、受信信号$r(t)$の式をみると、受信信号と同期する位相を受信機側で発生させ、これを受信信号に掛けあわせると信号を取り出すことができます。受信信号と90度ずらした位相を受信機側で発生させて掛けあわせると、逆に信号が取り出せないことがわかります。実際に、受信した信号の位相と受信機内部で発生させた位相を掛けあわせ、一定時間分（例えば1 ms）積分しています。受信機内部で発生させる位相は0度と90度の2つあり、0度のほうの相関が高くなるように、受信機で発生させる位相のタイミングを調整します。

18 衛星からの距離を測る

電波が光速で伝わることを利用します

衛星からユーザのアンテナまでの距離を測ることは、位置測定に欠かせない部分です。例えばGPSでは、GPS衛星から放送されるデータの中に、GPS時刻と呼ばれる全衛星にとって基準となる時刻タグが刻まれています。各衛星がこのGPS時刻からのずれを放送することで、全衛星を同期させています。受信機側では、受信した瞬間の受信機側の時刻を読み、その瞬間の衛星からのデータを見て、送信された時刻がいつであったかを読み取ります。もし受信機の時計がGPS時刻と完全に同期していると、そのまま「伝搬時間×光速」で距離を算出することができます。図に簡単な例を示しました。衛星から送信されてくるデータにはGPS時刻が刻まれています。受信機はその流れてくるデータを見ながら、自分が位置を出力したい時刻になると、その瞬間の衛星からのデータの場所を記録し、かつその瞬間の受信機の時計もあわせて記録します。図の例の場合、GPS時刻は2.5秒で受信機の時刻は2.6秒とでました。この結果、光速と0.1秒をかけて、3万kmが距離情報として出力されます。もし受信機側の時計がGPS時刻と完全に同期していれば、これで終わりなのですが、実際にはそれはありえません。

例えば、GPS時刻と受信機の時計が1 μsずれていたとすると、そのときに測った距離の誤差は約300 mになりますが、1 μs以内で365日ずっと同期させることが可能でしょうか。それは無理です。1週間で1秒ずれる時計もあります。一方、昨今の衛星測位の位置精度はおおむね数mです。これは衛星までの距離の測定精度も同様に数mであることを意味しています。

それでは、実際にはどうなっているのでしょう。図に示しました。実際には複数の衛星からの電波を受信し、受信機が測定したいタイミングで衛星までの距離を測定します。GPSの場合、だいたい伝搬時間が70 ms前後ですの

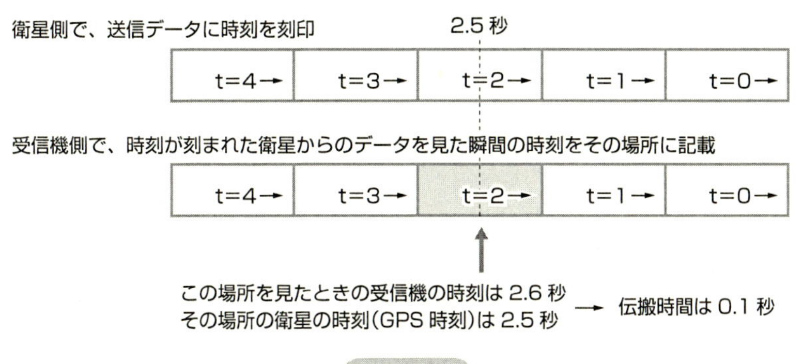

伝搬時間

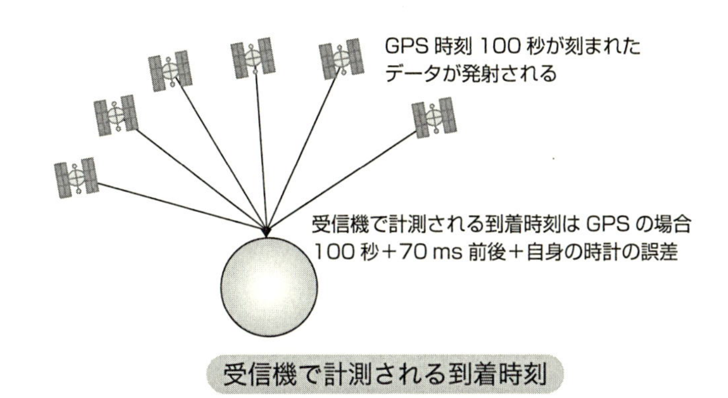

受信機で計測される到着時刻

で、測定される伝搬時間は、「70 ms＋受信機自身の時計誤差」となります。ここで重要なことは、全衛星がGPS時刻で同期しているので、受信機の時計誤差は衛星ごとに違うことはなく、全ての衛星に対して共通であることです。そのため、この受信機の時計誤差については、距離測定の段階では推定せずに、後の測位計算のときに合わせて推定することにしています。よって、この時点で出力される距離のことを、擬似距離と呼んでいます。聞きなれない言葉と思いますが、ここに衛星測位の1つの特徴があります。受信機ごとに内部の時計の振る舞いは当然異なりますので、受信機から出力される擬似距離観測値は異なって当然です。例えば、同じアンテナを介して2つの受信機で擬似距離観測値を比較すると、同じGPS時刻でもものすごく異なることがあります。これは受信機の時計誤差が要因です。

19 位置を測ってみる

受信機の重要な役割です

最初に非常に簡単な例を挙げます。原点を中心とするX, Y, Z軸があり、それぞれの軸上に衛星があると仮定します。衛星1は（3, 0, 0）、衛星2は（0, 2, 0）、衛星3は（0, 0, 5）です。ここで、各衛星から受信機までの距離がそれぞれ、3、2、5だとすると、受信機の位置はどうなるでしょうか。計算するまでもなく原点（0, 0, 0）ですね。実際には、受信機の位置を（x, y, z）の未知数として、各衛星からの距離で方程式を3つたてて、自身の位置を算出します。

では、実際のGPS衛星ではどうなるでしょうか。イメージ図を示しました。衛星がK個あり、それぞれの衛星の位置が求まっています。そして、各衛星からの距離ρがわかると、K個の方程式をたてることができます。bはGPS時刻に対する受信機の時計誤差です。基本となる式は以上です。

次に衛星の位置座標を求める時刻についてです。受信機の位置を求める瞬間の時刻を時刻tとします。このとき、時刻tに受信した電波が、各衛星から発射された瞬間の衛星の位置を求めます。GPSの場合、電波の伝搬時間が70 ms程度要するので、$t-0.07$秒頃の各衛星位置を求めることになります。各衛星の位置を求める時刻は、衛星によって距離が違うので異なります。

あとはどのようにこの方程式を解くかですが、一般的には最小二乗法が利用されています。最小二乗法では、まず適当な初期値を与えて、すでに持っている衛星位置と距離情報（擬似距離です）より、残差が最小になるように、初期値を移動させていきます（衛星の位置と擬似距離以外に情報はありません。これらのつじつまがあうように、初期値を変えていきます）。通常は、初期値を地球原点として、4回程度の計算でほぼ収束します。収束とは、5回目以降の計算で推定したずれの量が1 mm以下（動かない）になる

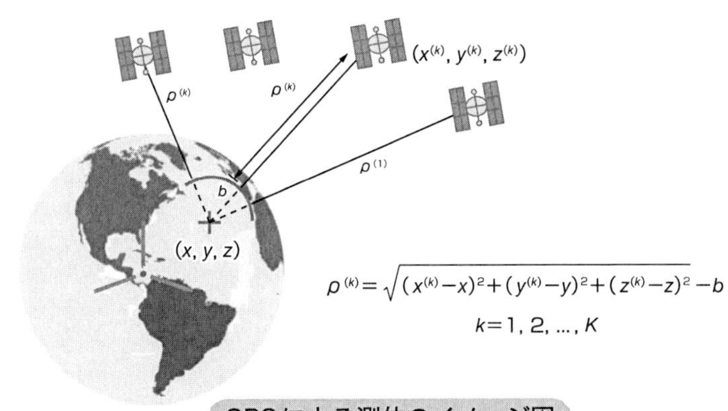

GPSによる測位のイメージ図

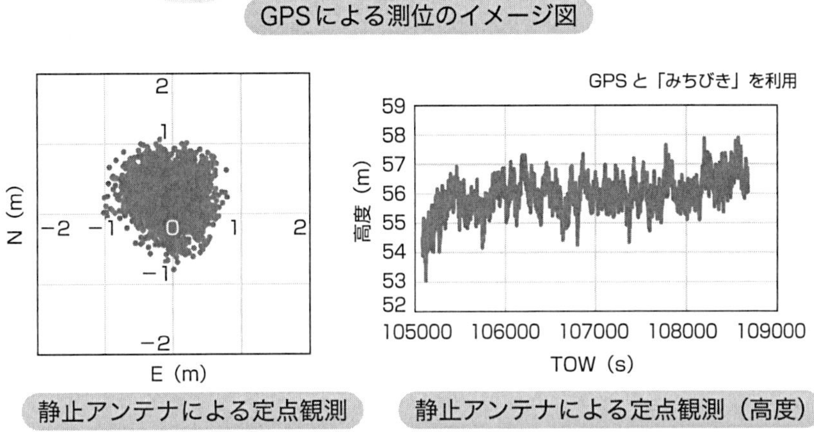

静止アンテナによる定点観測　静止アンテナによる定点観測（高度）

という意味です。実際には、衛星位置も距離情報もある程度の誤差がありますので、推定される位置も誤差を持ちます。

衛星測位で静止アンテナを用いて定点観測をして、その結果をプロットすると必ず誤差の分布をみることができます。そこには、衛星位置や測定した距離情報がもつ誤差の結果があらわれているといえます。図に研究室屋上で取得した1時間分の単独測位（他の地点での補正情報がない、ユーザアンテナ1つでの測位結果）の水平方向と高度方向の結果をそれぞれ示しました。高度方向は精密位置が59.7 mですので、3 m程度ずれていることがわかります。高度結果の横軸のTOWはTime of Weekのことで、GPS時刻です。GPS時刻はUTC（協定世界時）の日曜日の0時ちょうどに0秒にリセットされ、土曜日の23時59分59秒までカウントされます。

測位には衛星が4機必要

受信機の時計の精度に答えがあります

衛星測位を利用した測位では、一般に4機以上の衛星を必要とします。4機以上であれば、10機でも20機でも大丈夫です。その理由は、自身の位置である（x, y, z）の3つの未知数以外に受信機の時計誤差を推定しなければならないためです。衛星側の時計は、衛星をモニタしている地上局のおかげで、自身の時計誤差が把握されているので、衛星がその補正量を放送しています。よって衛星側の時計は全て同期しているものと考えることができ、あとは、衛星と受信機間の時計のずれが重要となります。もし受信機の時計が衛星の同期時刻、すなわちGPSであればGPS時刻よりも10 ms進んでいるとしましょう。10 ms でも比較的よい精度ではないでしょうか。しかし、距離情報は、全ての衛星に対して約3,000 kmも長く測定されてしまいます。図のように、地球の中に受信機が位置することになってしまいます。もしこのとき4機の衛星があると、図に示したように、求めたい位置である（x, y, z）と受信機の時計誤差も同時に推定することができるので、時計誤差が例えば10 msであることがわかり（受信機自身の時計誤差を未知とすることにより、最小二乗法の計算内において、全ての衛星に対して同じ距離の増減を許しています。受信機時計誤差が同じ距離になるのは、受信機内部の発振器が1つだからです。最終的には、（x, y, z）の位置と上記の受信機時計誤差のつじつまが合い、誤差（推定される位置に対する、衛星位置と擬似距離との関係から計算される誤差）が最小となる位置が求められます）、距離情報が修正され、結果として地上のアンテナ位置が求まります。

図に筆者の研究室屋上で取得した3時間分の単独測位結果（GPSと「みちびき」を利用）のうち、そのときに同時に推定された受信機の時計誤差を示しました。横軸はTOWで、縦軸が推定された受信機の時計誤差です。単位

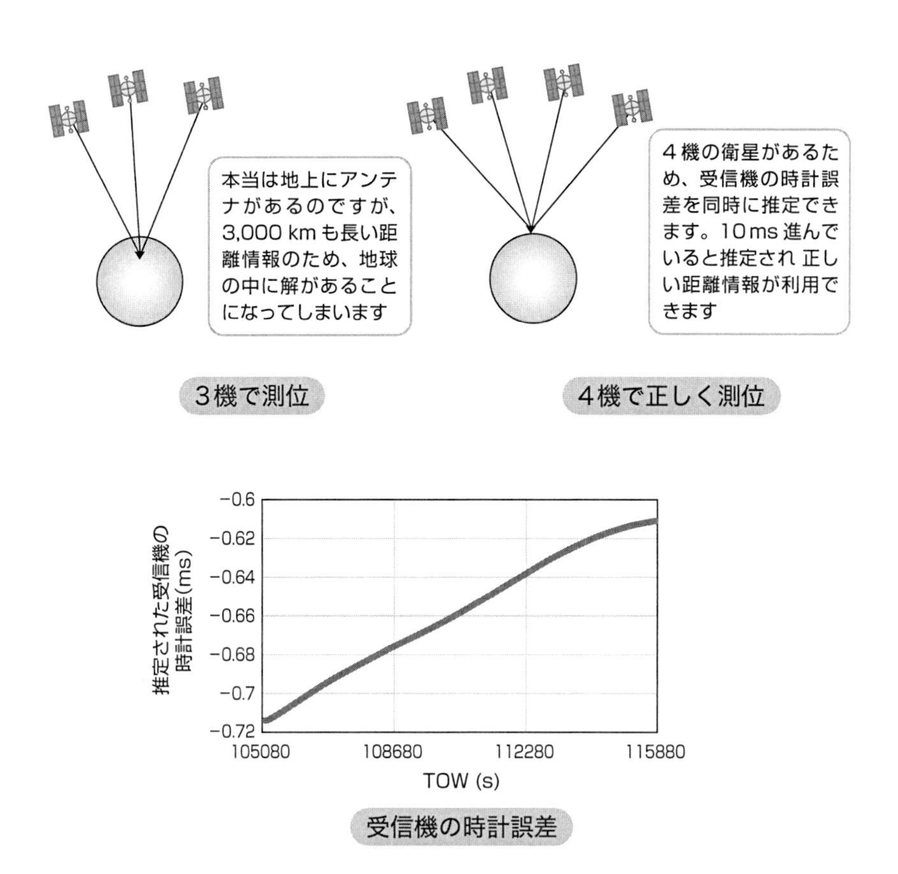

受信機の時計誤差

をmsとしているので注意してください。この結果より、3時間で約0.1 ms程度、受信機の時計がずれていることがわかります。1日24時間に換算すると約0.8 ms程度ずれますね。このように受信機に組み込まれている時計は我々の腕時計とは異なり、より安定しているといえます。単純に仮定すると、1秒ずれるのに、1000日以上要しますね。受信機の時計にはTCXO（Temperature-Compensated Crystal Oscillator）という温度補償型水晶発振器が使われていることが多いです。ちなみに、衛星に搭載されている原子時計はもっと安定しています。ルビジウム原子時計といって10^{-12}程度の安定度があります。これは、10^{12}秒（約31,709年）経過したときに1秒ずれる誤差ということになります。すごく安定していますね。

21 速度も測ることができる

なんと数cm/sの精度で測ることができます

みなさんはドップラ効果という言葉を覚えていますか。波の発生源が移動または観測者が移動することで、観測される周波数が変化する現象のことです。衛星測位でもこのドップラ効果は極めて重要で、GPSの前のトランシットという衛星測位システムはこの効果を利用したものでした。

図をみてください。衛星測位でのドップラ効果の1次元イメージと式を書きました。衛星の速度がV_sでユーザの速度をV_oとします。ドップラ効果で変化するドップラ周波数は、衛星から送信される周波数をf_{source}、受信機で受信する周波数をf_{obs}とおくと、$f_{obs} - f_{source}$で定義されます。観測された周波数がもとの衛星から発射された周波数に対してどれだけずれたかです。このドップラ周波数を受信機の信号追尾部で捕らえ続けます。ここでは、あくまでも衛星とユーザの視線方向成分の相対速度が重要です。ユーザが静止していると仮定すると、図より、衛星がユーザに近づいている速度成分が速いほど、f_{obs}がf_{source}より大きくなる（式の分母が小さくなりf_{source}にかかる係数が1を越えます）ので、ドップラ周波数は高くなります。

実際には測位計算と同様に、4機以上の衛星をとらえてそれらのドップラ周波数よりユーザの速度を推定します。図にイメージを示しました。実線のベクトルが相対速度をあらわしていて、衛星がユーザの真上を通過する瞬間は、衛星とユーザとの間に相対速度がないので、ドップラ周波数は0となります。ちょうど衛星が水平線から上昇してくるときが、衛星の運動によるドップラ周波数が最も高くなります。3機ではなく4機必要な理由は、受信機の発振器に時々刻々と変化する周波数オフセットが存在するためです。

ユーザが静止しているときに実際に推定された、普通の受信機での1時間分の水平速度を図に示しました。アンテナが静止していますので、速度の真

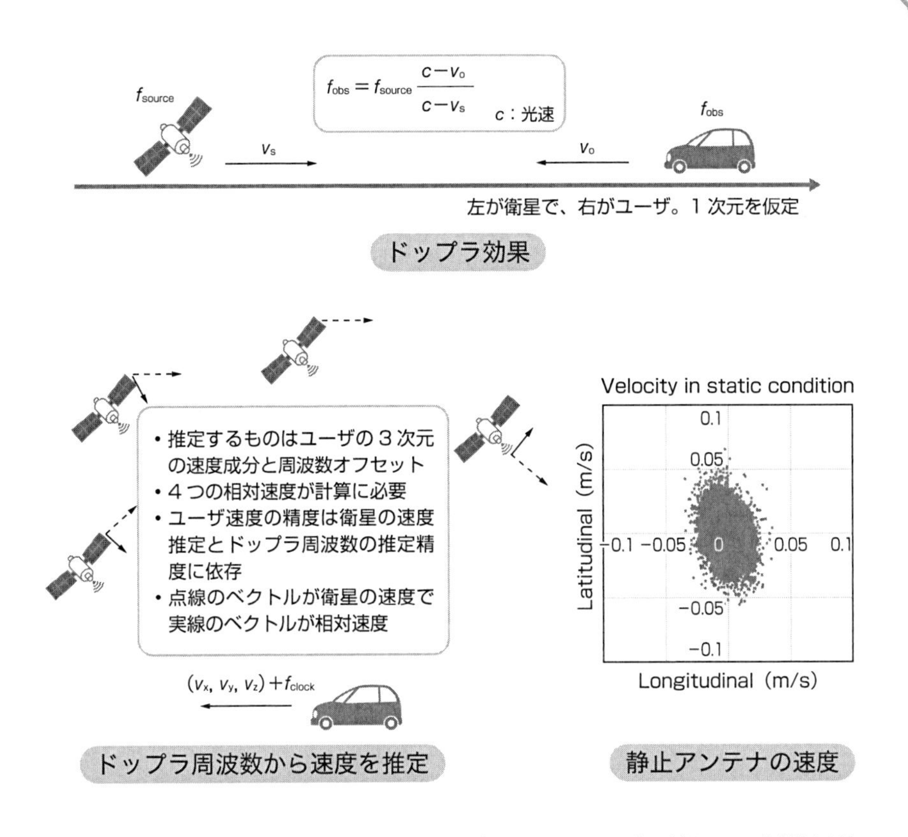

値は0です。この水平の速度結果には原点周辺にノイズが見られ、標準偏差は1.6 cm/sでした。この精度は移動していても同じです。1.6 cm/sというのは、時速になおすと、0.058 km/hに相当します。普通の車のスピードメータは1 km/hの分解能しかないですが、それよりもはるかに細かい精度で推定することができています。

ユーザの速度の推定精度は、衛星の速度推定精度とドップラ周波数の推定精度に依存します。衛星の速度は、求めたい時刻の前後±0.5秒で衛星位置を計算して、それを差し引いて算出し、cm/sの精度になります。ドップラ周波数の受信機内部での推定精度は、0.1 Hz未満です（1 Hzで19 cm/sなので、0.1 Hz未満で1 cm/s程度の精度となります）。例えば位相をロックしていると1 Hz（位相で360度）の100分の1くらいの精度でロックできているので、そういえます。

22 時刻の同期

世界中で1 μs以内で同期できます

時刻同期の身近な製品といえば、電波時計が挙げられます。日本では2箇所の送信所があり、そこから高精度のセシウム原子時計に基づいた標準電波が送信されています。電波時計は、この電波を受信して、自身の時刻を補正します。衛星測位での時刻同期もこれと同様です。送信所が衛星に変わっただけで、受信機側の時刻を衛星側の時刻に同期させることができます。電波時計は、日本中どこにいても、標準電波を受信さえすれば、ほぼ正確な時刻タイミングが得られるので便利なものと思います。衛星測位での時刻同期は日本だけでなく、世界中のどこにいても受信機さえあれば可能です。またその同期精度も電波時計よりよくなります。

実際にどのくらいの精度かというと、単独測位計算を考えましょう。周囲が開けた場所であれば、自身の位置の精度を数mで求めることができますので、副産物として、多少の差はあるものの受信機の時計誤差も数mの精度で求めることができます。時間になおすために光速で割ると（精度を5 mとして）、約17 nsに相当します。世界中の受信機が、例えばGPS時刻に対して17 ns程度の時刻同期ができることを意味します。遠く離れた場所で確実に1 μs以内の精度で時刻同期ができることは、通信機器にとって画期的だったと思われます。例えば、機器の時刻や周波数の校正が自動的に実施できること、タイミングが重要となる通信方式の同期を保証できることなどが可能になりました。また、身近な携帯電話の基地局間の通信では、無線通信の高速化を実現する技術という側面において、GPSによるタイミング技術が通信の同期を支えています。

一連の時刻同期の流れを図に示しました。衛星側に搭載されている時計のリアルタイムでの時刻同期精度は5 ns程度ですので、最終的に20～30 ns以

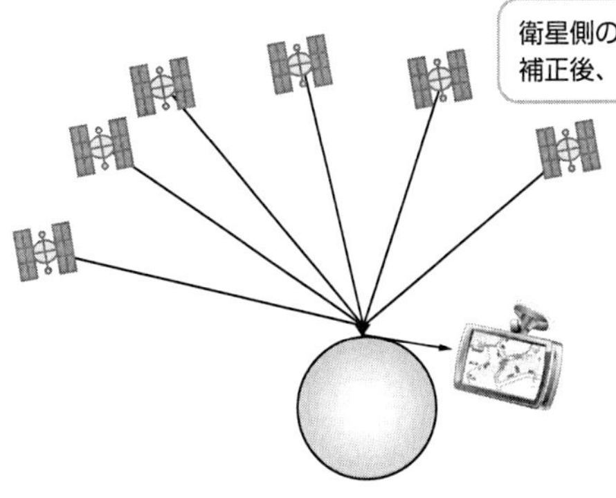

衛星側の GPS 時刻は地上局の監視により補正後、5 ns 程度（1.5 m 相当）の同期精度

- 受信機で単独測位計算を実施
- 通常の周囲が開けた場所であれば、測位精度は数 m。ここでは 5 m とする
- 単独測位での時刻の精度は 20 ns 以内
- 衛星側の GPS 時刻そのものの精度を考慮しても 20～30 ns 以内を容易に達成

時刻同期の流れ

各時刻のずれ	GPS時刻	協定世界時（UTC）	国際原子時
GPS時刻	—	18秒	19秒
協定世界時（UTC）	—	—	37秒
国際原子時	—	—	—

（2018年３月時点）

内の精度で同期できるものと予想されます。

ここで、衛星側の時刻、GPSを例にするとGPS時刻とは何か、GPS時刻は何と比較して精度を決めるのか疑問がでてくるかもしれません。GPS時刻は国際原子時と同期されています。国際原子時は1958年1月1日を基準とする原子振動に準拠した時系です。各国の複数の原子時計で極めて精密に管理されています。協定世界時であるUTCは、秒の間隔はこの国際原子時の秒を採用しており、1年で1秒前後のずれを生じる地球自転との関係を補正するために、閏秒が挿入されています。国際原子時、UTC、GPS時刻において秒の間隔は同じであり、それぞれの差は常に整数秒です。この関係を表にまとめました。GPS時刻は1980年1月6日より開始しており、その時点での国際原子時との19秒差を現在も保っています。UTCは不定期に閏秒が挿入されます。GPS時刻とUTCの差より1980年以降、18回挿入されたことを意味します（2018年3月現在）。

受信機による性能の違い

価格による違いは多少あります

衛星測位用の受信機は携帯電話の中に入っているものから、測量で利用される大きな箱型の受信機まで様々です。受信機によって何が違うのか疑問をもたれる人も多いかと思います。結論からいうと、半導体の進化もあり、小型かつ低価格でも高機能のものが多くなっています。低価格と高価格で代表的な受信機を比較した表を示しました。低価格受信機は数mm四方でチップ化された受信機、測量級（高価格）受信機は手の大きさ程度で中にメモリやバッテリなども内蔵されているものを想定します。コンシューマ向けに数を販売する低価格受信機と、顧客のターゲットを絞って販売する測量級受信機では異なる性格があります。

表をみていきましょう。コストは1個購入した場合を想定しており、大量購入すれば価格は変わります。複数の測位衛星、複数の周波数に測量級受信機はほぼ完全に対応しています。低価格受信機の進化も最近は目覚ましく、マルチ周波数（GPSの場合L1だけでなくL2C、L2P、L5など）に対応したものも販売される日が近いです。チャネル数とは、ある測位衛星のある周波数で1チャネルと考えてください。現在測位衛星の数だけでも100以上、周波数は最近の衛星では3～4以上ありますので、全部に対応するには400以上必要です。次に内蔵の測位演算ソフトに着目します（各測位方式は第6章で解説します）。DGNSS（擬似距離のみ利用）はほぼ全ての受信機が対応しており、精度に差があります。これは広帯域のフロントエンドとマルチパス低減技術の採用で、測量級受信機の擬似距離の精度が良いことに起因します。RTKは環境や基線長によって大きく変化します。RTKのFIX解の精度は両者で変わらないのですが、そのサービスレベルが異なります。環境でみると、測量級受信機は、高層ビル以外はほぼどこでも利用できるのに対し

	測量級受信機	低価格受信機
コスト	100万円クラス	1万円クラス
マルチGNSS対応	ほぼ全て対応	一部未対応
マルチ周波数対応	ほぼ全て対応	L1帯周辺のみ
チャネル数	400-500以上	100程度まで
DGNSSの精度	数10 cmレベル	1 mレベル
RTK（短基線＋オープンスカイ）	可能	ほとんど可能
RTK（中長基線＋オープンスカイ）	100 km程度まで可能	ほぼ不可能
RTK（短基線＋低中層ビル街）	ほとんど可能	ある程度可能
RTK（短基線＋高層ビル街）	ある程度可能	ほぼ不可能
RTK解の精度（オープンスカイ）	mmレベル	mmレベル
PPPへの対応	ほぼ対応	未対応
マルチパス誤差に対する耐性	強い	弱い

て、低価格受信機はオープンスカイに限定されます。また基線長は短基線が10 km程度までを想定しており、低価格受信機はおおむねこの範囲です。測量級受信機は基線長が100 km程度でもすぐにFIX解を出すものもあります。PPPへの対応は、衛星の精密暦（軌道・時計）を受信したときに、数cmの精度を出すことができるかですが（収束時間は受信機に依存します）、測量級受信機はほぼ対応しているのに対して、低価格受信機はマルチ周波数が対応していないこともあり、まだ不可能と考えられます。最後のマルチパス誤差に対する耐性は、マルチパス誤差を低減する機能の搭載です。低価格受信機は、ハード側の限界もあり、測量級受信機に大きなアドバンテージがあると考えられます。例えばRTKの性能は、おおざっぱに「利用できる衛星数」×「利用できる周波数」で表現できます。20年以上前の測量級受信機はGPSのみ利用できるものが多く、そのときのRTKの性能は現在の低価格受信機と大きな差はなかったと思います。

今後、低価格受信機の中でも、2周波に対応したものが販売されるようになると思います。そうなると、さらに測量級受信機との性能差が少なくなることが予想され、一般の方々にとっても、cm級の高精度測位がより身近になると考えます。

24 アシストGPS

携帯電話の基地局からエフェメリスを入手します

GNSS受信機はスイッチを入れてから自身の位置を出すまでにある程度の時間を要します。スマホの場合、スマホの電源が常に入っている場合が多いのでわかりにくいですが、カーナビではスイッチを入れてからすぐは、前のエンジン停止時の情報が残っているだけで、実際の測位には20～30秒以上かかることが多いです。これは衛星のエフェメリスを入手するための時間です。一度きちんと受信できれば、GPSの場合、正確に2時間ごとに更新されますので（放送は30秒ごとに繰り返し継続されます）、最大で2時間そのエフェメリスを利用できます。エフェメリス受信時は、屋外で周囲がある程度開けていることが望ましいです。航法メッセージの解読（位相の反転を検知）が必要で、搬送波位相の追尾が必要だからです。搬送波位相の追尾は、アンテナと衛星への視線が開けていることを必要とします。受信機の信号追尾は電源ONと同時にほぼ1秒程度で可能になりますが、上述のエフェメリスの入手がクイックな位置情報出力のキーとなります。

携帯電話の例をみていきましょう。もともと電話内にあるGNSS用のチップアンテナによる受信レベルは芳しくなく、電話が人の影になっていることも多いため、航法メッセージ解読が困難なケースが多いです。いつまでたっても測位ができず、スマホの地図上の位置はWiFiや基地局情報などに頼ることになります。車内や建物の窓際のような環境でも衛星測位による位置を出力できるよう開発されたのが、アシストGPSの技術です。携帯電話は常に基地局と通信をしていますので、マルチGNSSの最新のエフェメリスを入手することは容易です。受信機の構成で示したように、航法メッセージの解読部分を省略することができれば、受信機は信号を追尾して擬似距離情報さえ出せば、瞬時に測位計算が可能です。擬似距離情報の出力や測位演算には

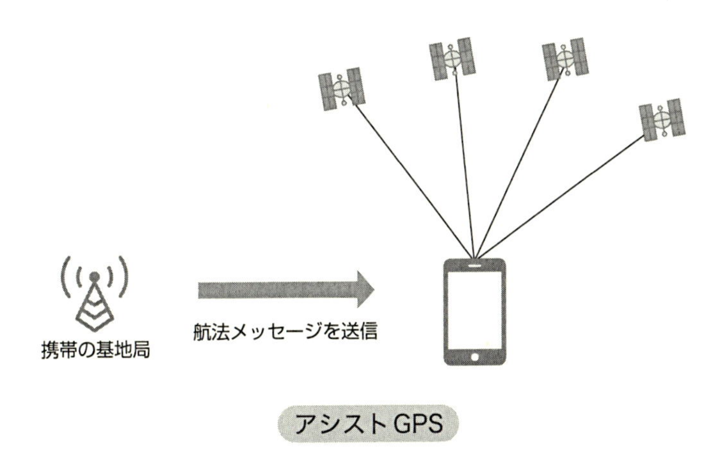

アシストGPS

アシストGPSの効果

GPS時刻も必要ですが、GPS時刻はエフェメリスに刻印されています。

アシストGPSの強みは信号の高感度化にもあります。携帯電話でのサービスは、常にオープンスカイであることはまれで、むしろ屋外でも周囲がビルに囲まれていたり、室内や車内であるケースが大半です。このような環境で、GNSSによる測位を行うには、信号の高感度化が必須でした。信号の高感度化は、衛星と受信機のコードの相関時間を長くすることで可能になりますが、この相関を長くする際に、エフェメリスすなわち航法メッセージの現在時刻でのビット情報が必要なのです。コードの相関時間を通常の20 ms程度から1秒程度に伸ばすことで、10～20 dBの利得を得ることができます。最近では、アシストGPSだけでなく、長期エフェメリスという技術もでてきています。通常のエフェメリスは2時間程度しか持ちませんが、この技術では1週間経過しても30 m程度の精度を維持できるようです。

25 衛星測位の弱点

干渉やなりすましといった問題があります

地上で受信する衛星からの信号レベルは極端に低いです。これは衛星測位の弱点ともいえます。測位衛星と同じ中心周波数またはその付近の周波数に無線信号が存在すると、干渉が発生します。干渉が発生すると、信号レベルがより低い衛星測位側のサービスが中断されることが予想できます。もちろん、測位衛星は世界中で利用される重要なシステムですので、ITU（国際電気通信連合、International Telecommunication Union）でそれら周波数帯は保護されているのですが、GPS専用電波妨害機（GPSジャマーと呼ばれます）による悪影響が報告されています。米国で、空港近くの幹線道路でシガーソケットタイプのGPSジャマーを利用していたトラックの運転手が多額の罰金刑になったニュースが数年前にありました。現在は販売が厳しく規制されており、電波法に違反することになるので絶対に使用しないことです。昔、実際に購入して電波暗室で出力レベルをチェックすると、周辺の数十mの受信機が影響を受けるレベルでした。周波数のスペクトル（どの周波数にどのくらいの出力があるか）をみると、中心周波数付近に信号が数MHzにわたって広がっていることがわかりました。このような干渉波があると、本来のGNSSの信号を取り出すことはできません。

GNSSシミュレータという言葉を聞いたことがあるでしょうか。これは上記のジャマーよりも高度で、GNSSの衛星位置を実際に計算し、信号を再現して出力するものです。本来はGNSS受信機の性能をチェックするためのテスト用に利用されています。GNSSシミュレータの電波を、電波法に抵触しないレベルで室内で放射すると、数m程度離れたところにあるスマホの位置が、そのシミュレータの示す位置にのっとられることがあります。スマホの中のGNSSチップにもよりますが、数年前では容易にのっとられました。

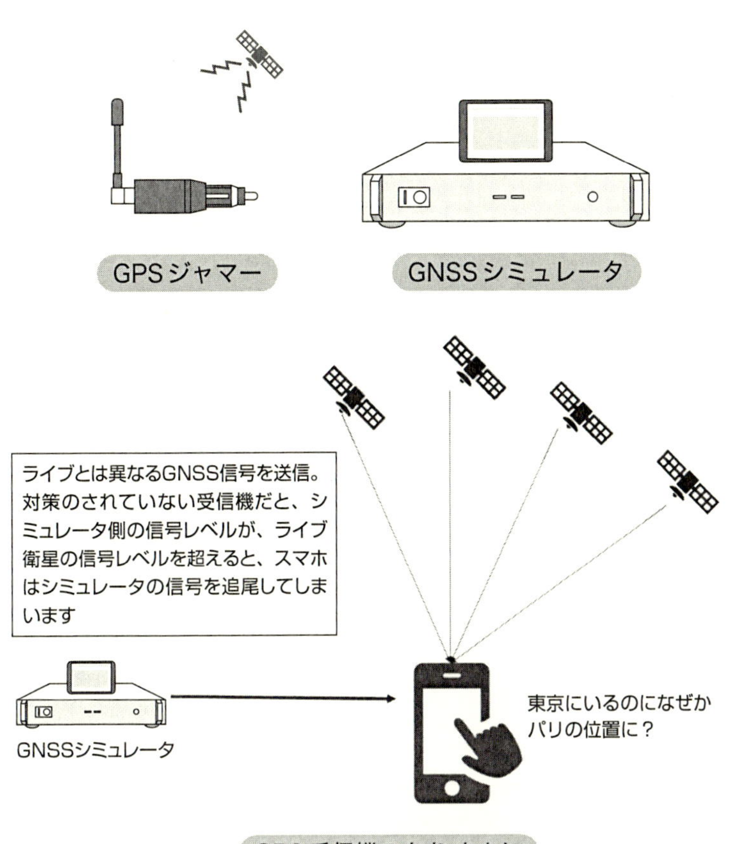

シミュレータの位置をパリに設定すると、東京にいるはずなのにスマホのGoogle Mapの位置が東京からパリに飛んでしまいます。GPS受信機のなりすましと呼ばれるものです。このようなことを、悪意をもって行う人がでてくると非常に危険で、もちろん厳しく規制されています。GNSSシミュレータは、以前は非常に高価で安くても数百万円したのですが、最近では簡易的に制作できるようになり、10万円もしないようです。このような干渉やなりすましに対処するためのたゆみない技術開発はもちろんのこと、厳しい規制も継続して必要と考えます。

COLUMN

受信機はソフトウェアの塊

衛星測位用受信機は、高周波部でデジタルデータに変換された後は、ソフトウェアで対応できます。実際にソフトウェアGNSS受信機の開発はずいぶん前より行われており、市販製品もあります。信号捕捉や信号追尾部分はソフトだけでなく、FPGAなどのハードウェアに依存したほうが効率的ですが、できる限りソフトで対応できるようにすると、通常のPCで受信機の処理をすべて把握できるため、研究開発や勉強には非常によい題材です。実際に中で行われている計算は、無線通信の信号処理から、衛星位置計算、測位演算など、きちんと理解するには大学レベルの物理、数学そして統計の素養が必須です。その意味で、ソフトウェアの塊と呼べます。それら素養をもったソフトウェア技術者の存在が受信機開発には極めて重要です。下はSDRLIBというオープンソースの画面です。衛星測位の研究者、鈴木太郎氏が開発したもので、現在（2017年12月）ではGithub上に存在します(https://github.com/taroz/GNSS-SDRLIB)。

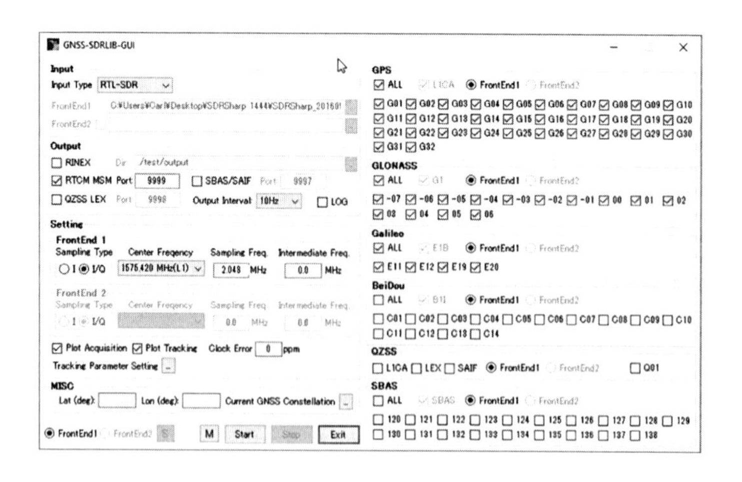

第4章

位置を表現する座標系

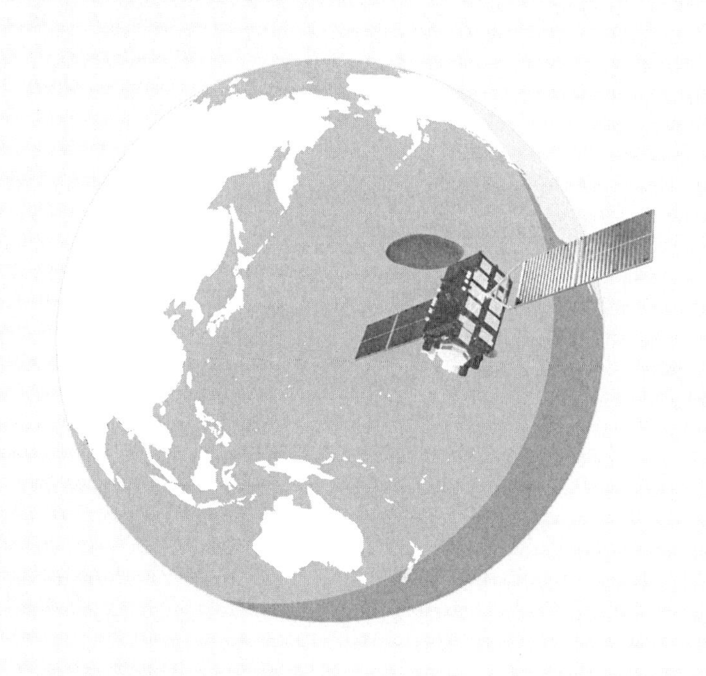

出典：qzss.go.jp

衛星測位の座標系と測地学

測地学が大きな役割を果たします

衛星測位は地球規模での測位システムであるため、グローバルな絶対位置を一意に算出できる特徴があります。各国で異なる座標系を用いていた時代から、衛星測位の登場もあり、共通の、地球で1つの座標系を利用する時代になったといえます。日本においても、2002年までは日本測地系に基づいた地図が利用されていましたが、その後、世界測地系へと徐々に移行されてきました。

2001年に筆者が現在の大学に赴任した直後、GPSで測定した研究室屋上の緯度・経度をあるWEBサイト上の地図に入力すると、実際の位置から北西へ400～500mずれた高層マンションに表示されました。それはそのWEBサイトが日本測地系に準拠していたからです。みなさんも経験された方がいるかもしれません。大学の所有する練習船に備えられている地図も、最初は日本測地系でしたが、ずいぶん前より世界測地系へと変更されていました。その意味において、測地学の果たす役割が大きいです。もともと、測地系や地球の形の定義などは、測地学の学問領域になります。

余談ですが、日本にGeomaticsという学科を聞いたことがありません。世界の大学をみると、いくつかこの名称の学科があります。その学科では、衛星測位をはじめ、測地学、GIS（Geographic Information System）、測量学そして空間情報学などを学ぶことができます。日本の場合、測地学となると、工学よりはむしろ科学で、理学部の趣が強いと思います。日本に衛星測位関連の工学研究者が多くない理由の1つは、本来、工学と理学の融合分野として最適な衛星測位技術が、別々の場所で学ばれてきたからかもしれません。

さて座標系の話ですが、衛星測位での位置を定義するために必要なことは、この座標系と地球をどのように表わすかです。地球の形をまず定義し

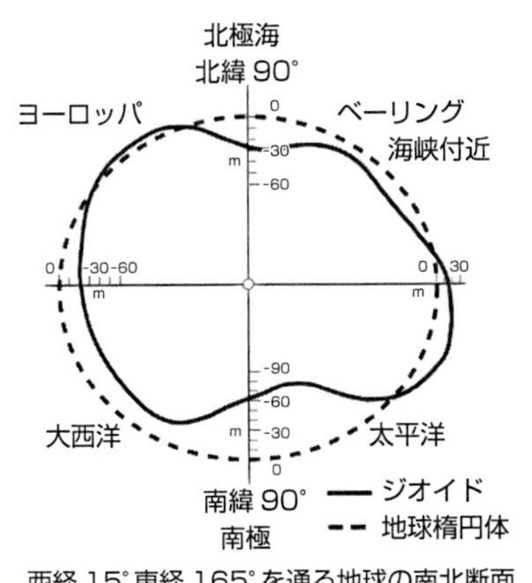

西経 15° 東経 165° を通る地球の南北断面

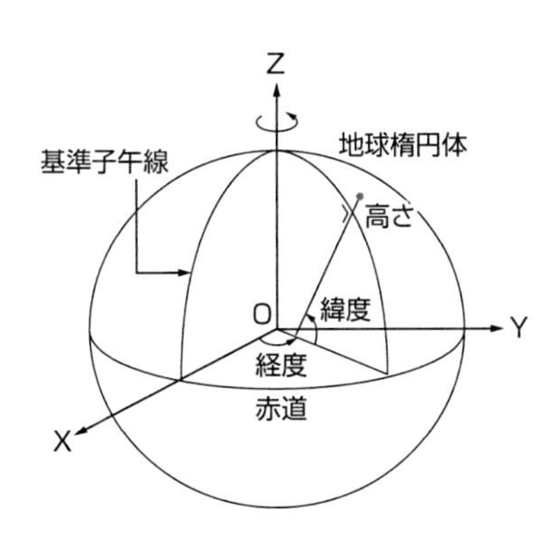

出典：測地学会

ジオイドと地球楕円体

て、その地球の中心を原点とする座標系を組むことで、地球上のあらゆる位置を一意に表現することができます。図に地球の形を誇張したイメージを示しました。ジオイドと呼ばれる等重力ポテンシャル面は、海面の高さと同義なのですが、実際にはでこぼこしています。地球の大きさからすると非常にわずかですが、きれいな楕円体とはなりません。このジオイドを実際に定義するのは困難ですので、平均になるように地球の形が地球楕円体として表現されます。座標系は、地球中心を原点として、赤道面内の経度0度の方向（基準子午線）にX軸、それから90度東側に回転しY軸となります。Z軸は天の北極方向です。図に地球中心座標系のイメージを示しました。衛星測位の出発点はここです。

測地学の分野では、位置計測に関連したVLBI（超長基線電波干渉計、Very Long Baseline Interferometry）、SLR（人工衛星レーザ測距、Satellite Laser Ranging）そして衛星測位は、宇宙測地技術と呼ばれています。基本的には地球上の2点間の距離を正確に測定する技術で、基準となる位置を決めることで、地球上の3次元的な位置を決定します。宇宙技術を利用することで、地球規模での精密な位置決定を可能にしており、いずれも、その測定精度はmmのレベルに達しています。

地球の球と測地系

地球は赤道方向に少し長い楕円体です

地球の半径は約6,400 kmです。では、赤道方向と地軸方向で長さは同じでしょうか？厳密には赤道方向（赤道半径）が約6,378 kmで地軸方向（極半径）が6,357 kmです。遠心力で赤道方向が膨らんでいるのか定かではないですが、実際に21 km程度の差があります。世界中には、それぞれの国に合った地球楕円体を定義するために、様々な楕円体が定義されていました。その際に必要なものは2つです。赤道半径と逆扁平率です。逆扁平率は（赤道半径）/（赤道半径−極半径）で定義されます。各国が採用した楕円体を準拠楕円体と呼びます。ちなみに日本では、準拠楕円体としてベッセル楕円体を利用していましたが、2002年に世界測地系であるGRS80楕円体に変更しています。このGRS80楕円体はGPSで採用されているWGS84とほぼ同じと考えてよいです。

測地系については、測地座標系（局所座標系）と地球中心座標系があります。測地座標系は地球を近似する回転楕円体を決めて、ユーザの位置を楕円体に投影して、緯度・経度・高さを決定します。各国は従来この方式を利用していました。図に示すように、この方式だと自国の水準面に一致するように楕円体を設定するため、国境を越えて世界中を移動する飛行機や船にとっては使いにくいものであることが容易に想像できます。局所座標系と呼ばれるのはそのためです。一方、地球中心座標系は、地球中心を原点として地球に固定されて自転と同期して回転するものです。本質的にこの座標系を世界中で採用すべきであったと思いますが、地球の中心を決定する技術やその精度については、議論の余地があったと想像されます。地球重心と幾何学的な地球の中心が一致するのかなど、答えを出すことが大変ですね。なおGPSで採用しているWGS84系は、この地球中心座標系になります。衛星測位と

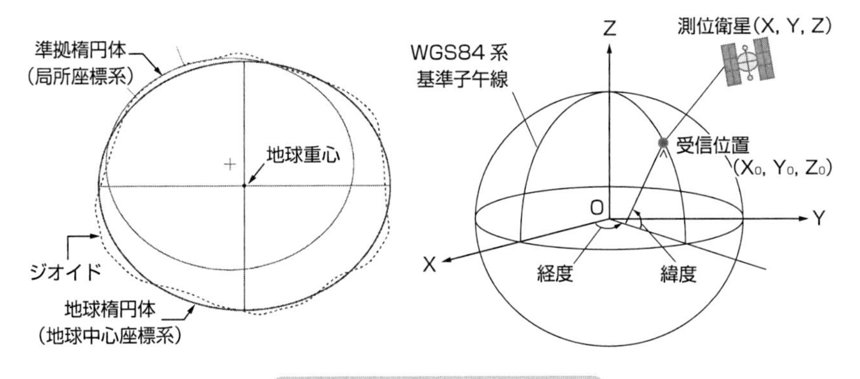

測地座標系と地球中心座標系

いう地球規模での測位が可能になったため、世界で共通して利用できる地球中心座標系を選択したことは自然なことだと思います。

図に衛星と地球中心座標系の関係を示しました。この座標系は正確には地球中心・地球固定座標系と呼ばれています。(X, Y, Z) の座標系が地球に固定して自転と同期して回転します。ですので、GPS衛星が約12時間（半日）で1周するとした場合、当然地球の自転も考慮しなければなりません。約12時間で1周するとは地球が自転していない場合の話で、実際には地球は約24時間で1回転しますので、GPS衛星は24時間で地球を1周することになります。厳密には、約23時間56分でGPS衛星が地球を1周しており、23時間56分ごとに同じ番号のGPS衛星を同じ場所で見ると、ほぼ同じ位置にあることがわかります。

地球中心に原点を持つ3次元直交座標系については、ITRF（国際地球基準座標系、International Terrestrial Reference Frame）という言葉をきくことがあります。これはその名の通り、GPSやVLBIなどの観測データに基づいて国際地球回転基準系事業が提供する、3次元直交座標系です。前述のWGS84は、米国が構築・維持している世界測地系で、高精度・継続性よりむしろリアルタイム性が重要視されるナビゲーションの分野に適した世界測地系です。WGS84は、これまでに数回の改定を行っており、その都度上記のITRF系に接近し、現在ほとんど同一のものといえます。

衛星測位の座標系

用途に応じて選択します

（−3,961,905 m, 3,348,994 m, 3,698,212 m）と聞いて、みなさんどの位置かわかりますか。これは、GPSの地球中心・地球固定座標系であるWGS84系に基づいた（X, Y, Z）の位置です。Z軸成分が正なので北半球であることや、X軸が負、Y軸が正なので東経90度から180度の間にあることもわかります。ただ、どこの国かはわからないかもしれません。この位置は、筆者の研究室の屋上の位置になります。人間にとってなじみのない数値なので、位置をイメージしづらいですが、この位置を緯度・経度・高度に変換することですぐにわかるようになります。一般的なWEBベースの地図においても、緯度と経度を入力すると地図上に位置が表示されます。衛星測位では、世界中で1つの共通の座標系を利用しているため、変換式も1つで大丈夫です。

では、地上から2万 km以上離れた測位衛星を表現するときに、緯度・経度を使うでしょうか。そうではありません。衛星の位置はこの（X, Y, Z）の座標で表わします。受信機内部ではこの座標系の値で計算がなされ、ユーザの位置まで同じ座標系で出力されます。その後、ユーザが理解しやすい座標系に変換を行います。実際に衛星の位置も、（X, Y, Z）のままではどこにあるかよくわからないので、例えばユーザ自身の位置を原点とする地平座標系に変換し、仰角・方位角で表わすのが普通です。

実際に、上記の研究室屋上の（X, Y, Z）を緯度・経度・高度に変換してみましょう。もし地球が完全な球と仮定するとわりと簡単です。2つの図を見てください。経度はtan(経度) = Y/Xで求めます。緯度はtan(緯度) = Z/$(X^2+Y^2)^{1/2}$で求めます。地上からの高度は、$(X^2+Y^2)^{1/2}$/cos(緯度) −（地球半径）で求めます。実際に求めると、(35.484232, 139.792200, 6370.967 km − 地球半径）となりました。

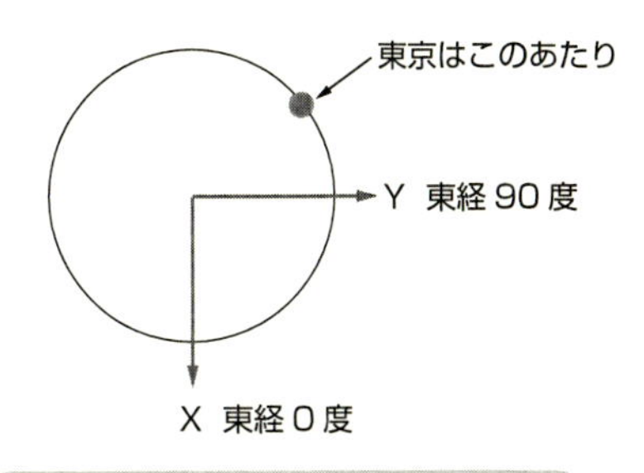

地球の地軸真上方向から見た図

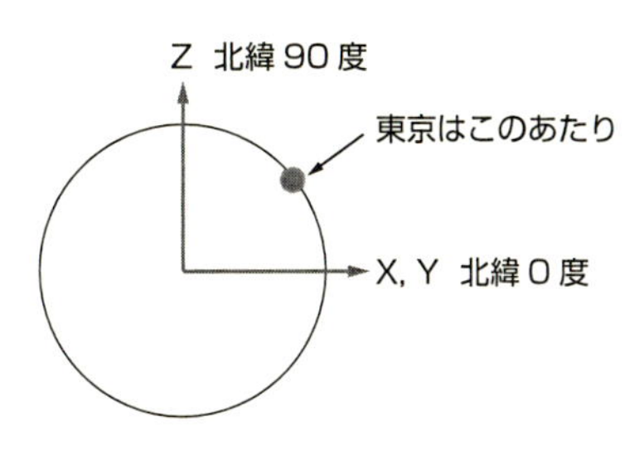

地球を赤道方向から見た図

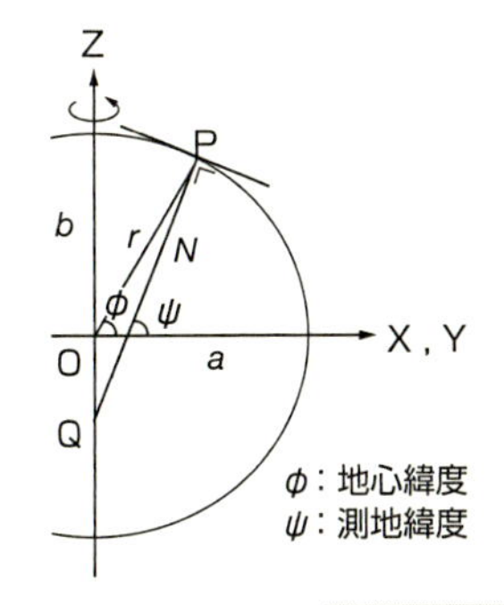

$$\tan\lambda = \frac{Y}{X}$$

$$\tan\phi = \frac{Z+Ne^2\sin\phi}{(X^2+Y^2)^{\frac{1}{2}}}$$

$$h=(X^2+Y^2)^{\frac{1}{2}}/\cos\phi-N$$

$$N=a/(1-e^2\sin^2\phi)^{1/2}$$

地心緯度と測地緯度の計算式

地球半径ですが、そもそも地球は球でないので、地球の半径を1つに決めることができません。経度はこのままの値で問題ないのですが、緯度は少しおかしいです。WEBの地図上にプロットすると、東京都江東区であるはずが、アクアラインより少し下の海の上になりました。なぜこうなるかはみなさんわかりますね。地球は球ではないため、実際の計算はもう少し複雑になるのです。地球が楕円であることによる影響の図を示しました。地心緯度（楕円体の中心を基準とする緯度）と測地緯度（楕円体面の法線が赤道面となす角度）の2つがありますが、通常使われているのは測地緯度になります。計算式も書いておきました。eは離心率、aは長半径です。WGS84ではa=6378.137 km、e=0.081819191…、Nは卯酉線曲率半径です。計算式の詳細は省略しますが、場所ごとに地球半径が異なることに対する取り扱いになります。

標高の基準となるジオイド

平均海水面といわれるとイメージできますね

ジオイドは聞きなれない言葉かもしれません。図をみてください。3つの高さの関係を示したものになります。楕円体高はGPSの場合、WGS84の準拠楕円体から地表までの高さです。ジオイド高は楕円体面からジオイドまでの高さです。ジオイドとは平均海水面を意味します。標高はジオイド面から重力方向に測定した地表までの高さとなります。衛星測位で測位している高さは3つのうちどれになるでしょう。先ほど少し書きましたが、楕円体高になります。我々になじみのある標高とは異なる高さを示します。例えば富士山の標高は3,776 mと覚えていると思いますが、衛星測位で単独測位した結果をみると、3,815 m前後になります。富士山付近のジオイドが40 m程度あるためです。

世界のジオイド高がどのくらいかをみると、−100 mから80 mくらいまで幅があります。日本の標高の基準は東京湾の平均海水面とされています。他の国も同様であるケースが多いと思います。衛星測位が普及する前は、各国が独自の準拠楕円体を生成し、利用していた理由の1つがわかりますね。自国の平均海水面すなわち標高の基準となる面と楕円体表面を一致させておくと、都合がよかったのだと思います。筆者の研究室の建物前にある船のドックは東京湾内ですが、衛星測位で海面の高さを計測すると平均で36〜37 mとなります。平均と書いたのは潮汐の影響が2 m程度あるためです。この36〜37 mは何を意味しているでしょうか。これはまさに日本の平均海水面付近における衛星測位による楕円体高度になります。衛星測位で利用する準拠楕円体の表面は東京湾では海面下36〜37 m付近にあることになります。

日本のジオイド高も図に示しました。日本国内だけでも20 mから45 m程度まで大きな幅があります。重力の影響が大きいといえます。日本で採用し

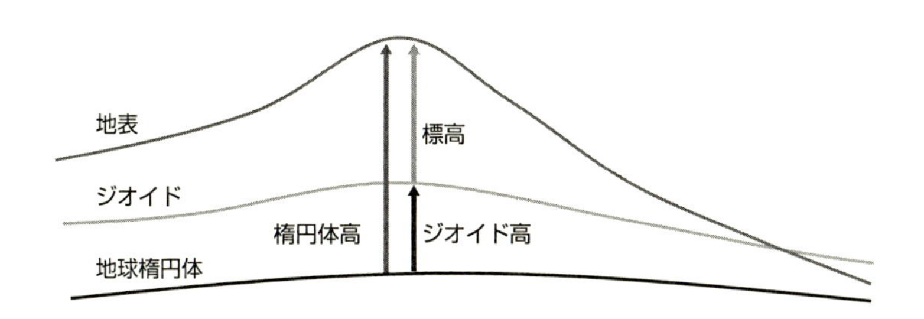

標高・楕円体高・ジオイド高

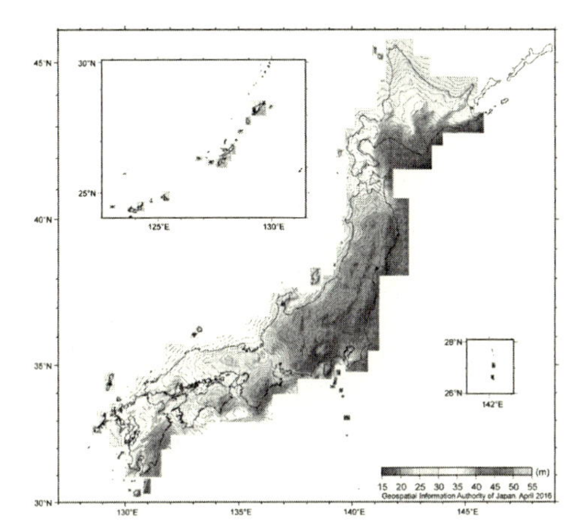

出典：国土地理院

日本のジオイド高

ている回転楕円体はWGS84とほぼ同じものですので、このジオイド情報を標高の計算に利用することができます。衛星測位で求めた楕円体高からその緯度経度付近でのジオイドを引くことで、標高を求めることができます。逆にいうと、もし衛星測位での楕円体高を数cmレベルで求めることができ、その場所でのジオイド情報も数cmレベルで与えられると、衛星測位のみで標高を数cmの精度で求めることができます。身近なカーナビなどで表示される標高値は、メーカが事前に準備したジオイド情報、つまり、一定の緯度経度の範囲のジオイド値のデータベースが組み込まれているはずです。

30 ジオイドの求め方

衛星測位は標高を直接は教えてくれません

標高は私たちが小学校の頃から学んできた「高さ」です。近くの山の高さや日本で一番高い富士山の高さも標高で表現されています。海の近くにいくと海抜を示した標識があります。海抜は、津波対策もあり、その標識の近くの海の平均海面からの高さです。一方で、標高は、正確には平均海水面から重力の方向に沿って測定した高さと定義されます。日本の場合、平均海水面の基準は東京湾です。ジオイドの定義と表裏一体の部分があるのですが、正確に定義すると重力の方向が重要です。もし重力が地球上どこでも一定であれば、ジオイドすなわち平均海水面は一定となり、標高との関係もわかりやすくなります。図にその例を示しました。楕円体の表面とジオイド面が平行で、標高と衛星測位で測定される楕円体高度との差がそのままジオイド高になります。しかし、重力が一定でなく、楕円体面とジオイド面が平行でないので、正確にはこの関係は成り立ちません。こちらも図に示しました。まず楕円体高度は重力と関係しません。そして標高は平均海水面からの重力に沿った方向になります。実際には、ジオイド面と楕円体面にこのような極端な差はないので、通常、標高は楕円体高度からジオイド高を引いた高さで表わされているのです。

では、肝心のジオイド高を測定する方法についてみましょう。大きく2つあります。1つは実際の重力データを利用して計算する方法です。もう1つは衛星測位での高精度な位置より求める方法です。現在の日本のジオイド情報は、上記の2つを組み合わせて構築されています。重力データを利用して計算する方法は、人間が測定場所に赴き、実際に重力を測定する必要があり、山岳地帯で空白域が多くなったり、観測頻度が少ないため、古い観測データになったりする欠点があります。また2つ目の方法では、衛星測位の

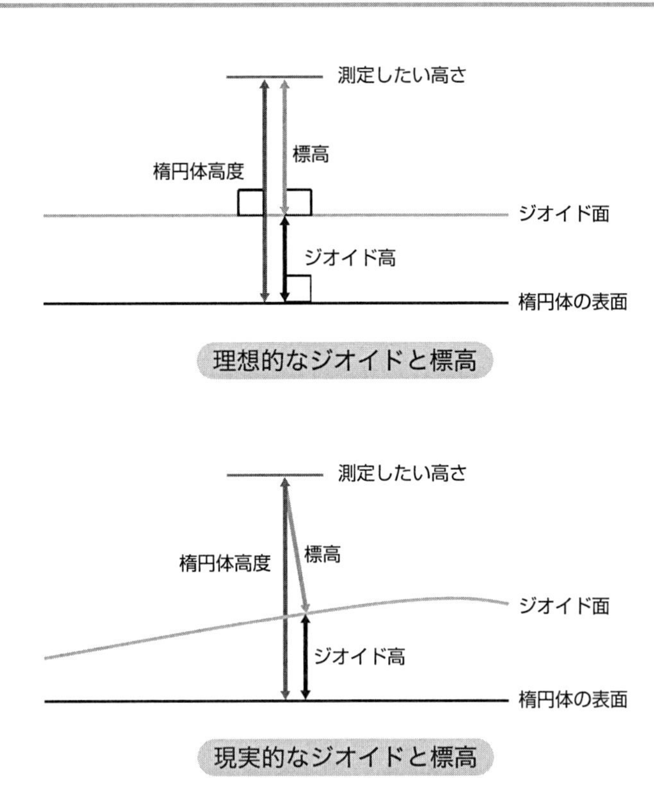

理想的なジオイドと標高

現実的なジオイドと標高

cm級の高精度な高さは容易に出せますが、標高のわかっている場所となるとこちらも時間を要します。これまで標高は水準測量によって決定されてきましたが、こちらも時間と労力がかかるという大きな課題がありました。そこで、最近では航空重力測量が注目されています。航空重力データによる整備は、人間の足を使って行う方法よりも、効率がよく、精度も数cmが確保されます。また日本のように地震大国では、大きな地震がやってくる度に測定しなおす必要があるのですが、重力は地表の上下運動に対して安定しており、東日本大震災でもほとんど変化しなかった結果が発表されています。以上より、例えば航空重力測量で日本全体を測定すれば、衛星測位による精密な楕円体高度と合わせることで、標高を決定することができます。日本でも近いうちにそのようなデータが整備される計画があります。

31 地図の重要性

緯度・経度だけではイメージしにくいです

衛星測位で地球上の緯度・経度・高度を求めることができます。それら算出した情報をどのように利用するか、いくつかの乗り物の例で考えましょう。最初に飛行機です。日本の成田空港から米国のサンフランシスコ空港に飛ぶときに、両者の緯度・経度情報をあらかじめ知っておくことが大事です。両者の空港周辺の緯度・経度情報を知るということは、両者の地図が生成されていることを意味します。その緯度・経度情報から飛行計画をたて、実際に逐次飛んでいる方向と目的地までの距離を確認しながら航行することになります。飛行機の場合、空を飛びますので、途中の詳しい地図は必要ないかもしれませんが、もっと大事な情報が必要です。それは、航行中の緯度・経度における高さです。海上では問題ありませんが、地上では山などの高さ情報がないと、安全な経路を設定できないですね。このように、ある緯度・経度での高さ情報をもつことも、地図を生成することを意味します。

次に、自動車です。例えば東京にある大学の2つのキャンパス間を自動車で移動するときに利用するカーナビはどうでしょう。出発地と目的地の緯度・経度情報もさることながら、自動車が通ることのできる道路の情報が必ず必要になります。道路情報だけでなく、走行中の周囲にある建物情報や住所もある程度あったほうがわかりやすいですね。これはまさに地図そのものです。道路の車線を判別できるレベルなのか、それともどの道路にいるかわかるレベルなのか、必要用途に応じて地図に求められる精度も変わってきます。昨今、自動運転が注目されていますが、自身の位置が1ｍ以内のレベルで確実にわかるようになると、地図側ももちろん、1ｍ以内の精度で細かく準備しておく必要があります。しかも2次元だけでは不十分で、道路の上に道路があったりしますので、3次元の地図が必要な場所もあります。大きな

左図は著者が実験で確認した１つの例です。矢印が実際にアンテナを立てた場所で（車線幅の真中かつ白線幅の真中）、十字がRTK解の緯度・経度をMAP上にプロットした位置です。少なくとも１m以上のずれがないことがわかります。

画像提供：Google

Google Mapの精度の実測

地震があると地殻変動により地図を更新する必要もありますし、道路の区画整理や工事が行われるときも更新する必要があります。また最近では、屋外だけでなく屋内の地図も整備されようとしています。

実際の地図でGoogle Mapを知っている方は多いと思います。筆者もよく利用するのですが、このGoogle Mapの精度がどのくらいか調べた方はいるでしょうか。Google Mapは、GPSの世界測地系に準拠して生成されていると記載がありますので、GPSで測定した値をそのまま地図に表示できます。筆者は実際に大学構内で測量しました。測量する際に、Map上で見える目印が重要です。その目印の上にアンテナをもってきて、cm級の測量を世界測地系で行い、得られた緯度・経度をMap上に表示させて、その目印からのずれを確認します。構内だけでなく周辺の目印となるもので何回かチェックしましたが、1m以内のところが多かったです。10cmレベルをチェックするには地図の解像度も必要になってきますね。

昨今注目されている車の自動運転システムでは、デジタル地図の存在が極めて重要です。高精度なデジタル地図があると、自動運転の認知・判断・操作のハードルを下げることができます。また自動運転の実現性に大きな位置を占めているLiDAR（レーザ画像検出と測距、Light Detection and Ranging）は対象物との距離を正確に測定できるため、それに対応する高精度な3次元デジタル地図が必要なのです。

日本国内の電子基準点

高精度測位の要です

電子基準点という言葉を聞いたことがある人は少ないかもしれません。日本国内に約1,300点設置された、衛星測位のための基準点です。国土地理院が運用していて、高密度かつ高精度な測量網の構築と広域の地殻変動の監視を目的とする衛星測位の連続観測システムです。国内の基準点分布図と実物の写真を示しました。ピラーと呼ばれる塔の中に、受信機やバッテリ、アンテナ、記録装置、通信設備などが備えられています。地殻変動や測量用途は、リアルタイム性が求められますので、ロバストな通信回線が非常に重要といえます。

衛星測位で数cmの精度を出すことができると聞いたことがある方もいると思います。ではこの数cmの精度の定義を考えたことがあるでしょうか？世の中で一般的に使われている地図に数cmの精度が必要でしょうか？もしくは数cmの精度がそもそも保証されているでしょうか？カーナビやWEBベースの電子地図などをいくら拡大しても、数cmの差を判別することはできません。電子基準点が高精度測位の要であるという意味は、ここにあるのです。

全国に約1,300ある電子基準点は衛星測位で使われているWGS84系にほぼ即した座標系で、地殻変動まで考慮したmmレベルの精密位置を日々与えています。これはすごいことです。世界の基準測地系に即した高精度な絶対位置の基準が日本には10～20 kmごと（図をみるとわかりますが、基準点の密度は本州太平洋側にやや集中していて、北海道はもうすこしまばらです）にあることを意味します。この基準点の観測データと、ユーザ自身の受信機で得た観測データを処理することで、ユーザ側のアンテナ位置を、数cmの高精度な絶対位置で知ることができます。

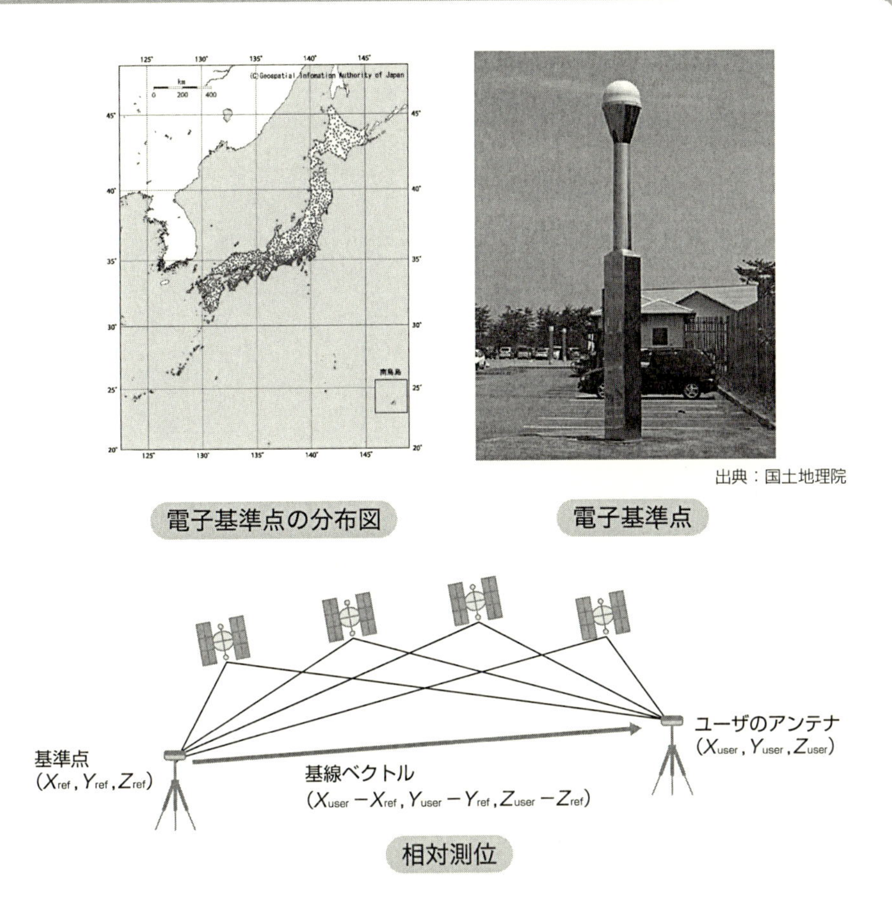

ここで、相対測位について述べておきます。衛星測位を利用した高精度測位では、2つのアンテナ間の3次元のベクトルを数cmレベルで瞬時に出すことが可能です。相対測位と呼ばれるものです（最近では、ユーザの絶対位置を数cmレベルで出すことができる技術もでてきましたが、ここではその話はしません）。そのイメージを図に示しました。ユーザのアンテナ位置は基準点の位置に対する基線ベクトルを足すことで求めます。高精度測位では、この基線ベクトルを解析により数cmの精度で与えます。ユーザのアンテナ位置を直接数cmの精度で求めているわけではありません。ここに注意してください。電子基準点で数cmの絶対位置が与えられているので、ユーザの位置も数cmの絶対位置として求めることが可能になるのです。

33 地殻変動

ご存知のとおり日本は地震大国です

まず実際の地殻変動の様子をみて頂くのがよいので、図に示しました。国土地理院のサイトで最新の地殻変動情報を取得することができます。すこしみえづらいですが、この1年（2016年10月から2017年10月）で関東中部地方では変動の大きさが1 cmを超えて数cmに達している場所もあります。東北地方太平洋沖地震では、東北地方の基準点が5 m程度ずれている場所がありました。このように大地震のときだけでなく、1年という時間スケールでみると、全国様々な方向に数cm動くのが当たり前という事実があります。この事象が何を意味するかというと、電子基準点の精密位置もこれらに合わせて変更する必要があります。国内の測量業者はすでに電子基準点をベースとした衛星測位による測量を法律に則って実施していますので、電子基準点の管理は極めて重要で必須です。今後は測量業者だけでなく、自動運転やICT農業などで衛星測位による高精度な位置情報が利用されるようになると、電子基準点の重要性がさらに増してきます。

では、電子基準点において地殻変動分をどのように扱うかですが、ポイントは、電子基準点の地殻変動量から周辺の地点の地殻変動量を補間計算することです。現在はある日時（元期と呼ばれます）に測定した全国の電子基準点座標値を基準として利用しています。日本測地系2011と呼ばれるもので最近では大震災の後に決定された座標です。その元期においては世界測地系と合致したものとなります。ただし、1年で数cmから10 cm以上（特に東北地方）ずれる場所もありますし、局所的な地震も起こっています。それらに対応するために、定期的（年1回）に元期の位置と今期の位置の補正量を更新する作業を実施しています。この処理をすることで、地殻変動分を取り除くことが可能です。この方法はセミ・ダイナミック補正と呼ばれていま

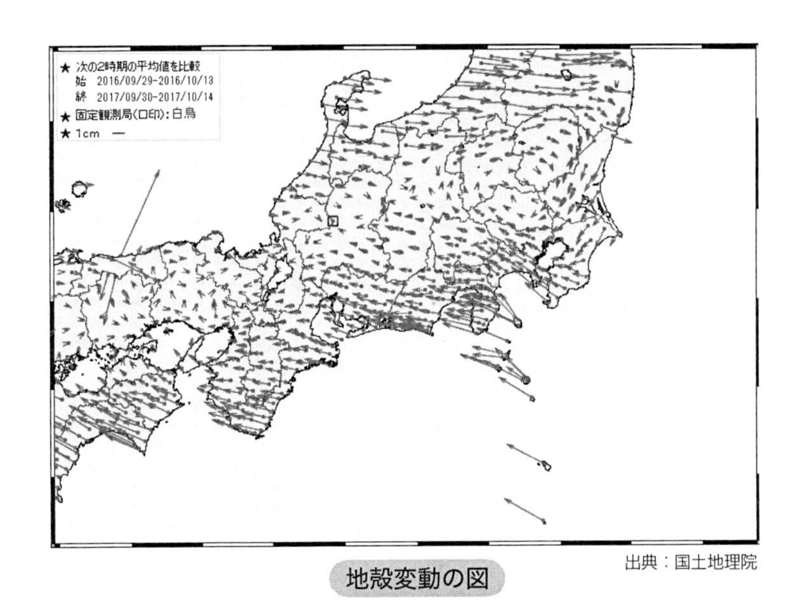

出典：国土地理院

地殻変動の図

す。基準点Ａに対して測量したい点Ｂの今期（元期から時間が経過したある日）のセミ・ダイナミック補正を以下に示しました。

位置Ｂ（今期）＝ 基準点Ａ（元期）＋ 基準点Ａの補正分
＋ 基線ベクトルAB（今期）

測量業者の方々が、国土地理院が提供している日々の座標値と呼ばれる１日ごとの世界測地系に即した電子基準点の位置を使うことができれば、上記の仕組みは必要ないのですが、全国で1,300近くある基準点の位置を毎日更新することは大変な労力です。また測量で大事な点として、基準となる時刻を統一することがあります。統一しないと、測量された位置の整合性がとれなくなります。その基準となる時刻は元期とされており、今期の観測データから元期の位置を求める必要があります。その際、上の式でいうと、「位置Ｂ（今期）＝ 位置Ｂ（元期）＋ 位置Ｂの補正分」なので、位置Ｂの補正分である地殻変動量を求めておく必要があります。位置Ｂは電子基準点ではないので、近接の基準点の変動量から補間して求めます。現在では、日本測地系2011に基づいた元期での電子基準点位置がベースとなります。

COLUMN

ジオイドは場所によって変化します

以下の実験結果をみてください。東京海洋大学の汐路丸という船舶（長さ約50 m）で東京湾を実験航行（約3時間）したときの、RTKによる航跡と楕円体高度の時系列の結果です（海面から10 m程度の高さにアンテナを設置しています）。航跡図の左上は中央区勝どき付近で、そこが始点と終点になります。レインボーブリッジを抜けて、羽田空港方面途中で左に旋回し、帰りはゲートブリッジを通っています。右の楕円体高度を見ると、変化していることがわかります。このときの天候は良く波も穏やかでしたので、海面の高さが変わるとは思えないのですが、なぜでしょうか？　潮汐はこの時間の開始と終わりで10 cmほどしか変動していませんでした。楕円体高度は標高とジオイドの和であり、標高よりジオイドが大きく変化したと考えることができます。このように10～20 km程度の移動でもジオイドが変わるのです。衛星測位はその事実を教えてくれます。

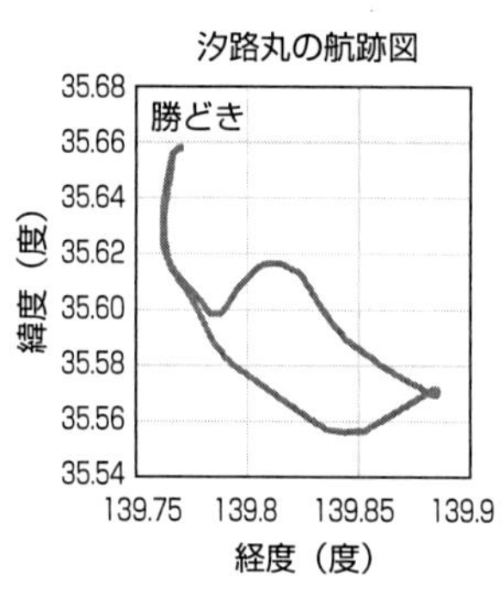

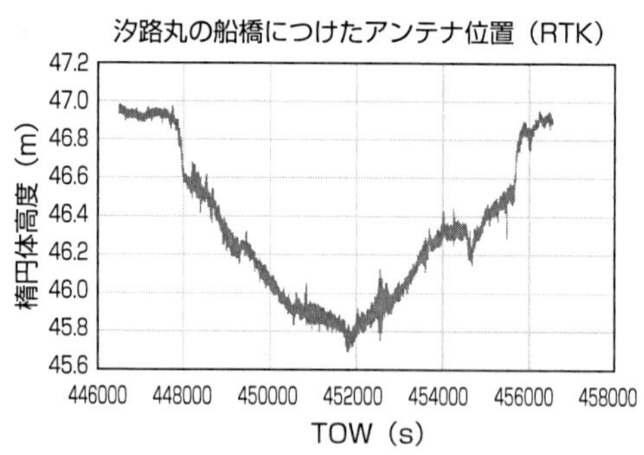

汐路丸（東京海洋大学）

第 5 章

様々な誤差要因

出典：qzss.go.jp

精度を決める誤差要因

正しい位置を求めることを阻みます

衛星測位が瞬時に与える位置、速度そして時刻はユーザにとって重要な情報です。では、その精度を決定しているものは何でしょうか？最終的な精度は、ユーザ側の測位ソフトが様々な誤差要因をどれだけ推定し低減できたかに依存しています。もしくは、誤差量を補正データとして受けとることもできます。さらに重要なことは、これらの誤差要因がユーザの電波環境やユーザが利用している受信機の性能に強く依存しているということです。

衛星測位の代表的な誤差要因の6つと、その誤差の大きさを表にまとめました。これらは、オープンスカイ環境（アンテナ周囲を見渡して、仰角15度以上に障害物となる建物がほとんどない環境）でのおおよその数値としてとらえてください。rmsは誤差のうちノイズとバイアスの両方を加味した値です。仰角に依存とは、電離層や対流圏は電波が通過する長さに遅延量が比例しますので、例えば仰角15度の衛星で、電離層は2.5倍、対流圏は4倍程度になります。電離層遅延量に幅がある理由は、太陽活動に依存して大きく変動するためです。なお、遅延量とは誤差量そのものと考えてよいです。こ

誤差要因	潜在的な誤差の大きさ
衛星の時計誤差	1～2 m（rms）
衛星の位置誤差	1～2 m（rms）
電離層遅延量	2～10 m（天頂）、仰角に依存
対流圏遅延量	2.3～2.5 m（天頂）、仰角に依存
マルチパス	擬似距離：1 m、搬送波位相：1 cm
受信機ノイズ	擬似距離：数10 cm、搬送波位相：数mm

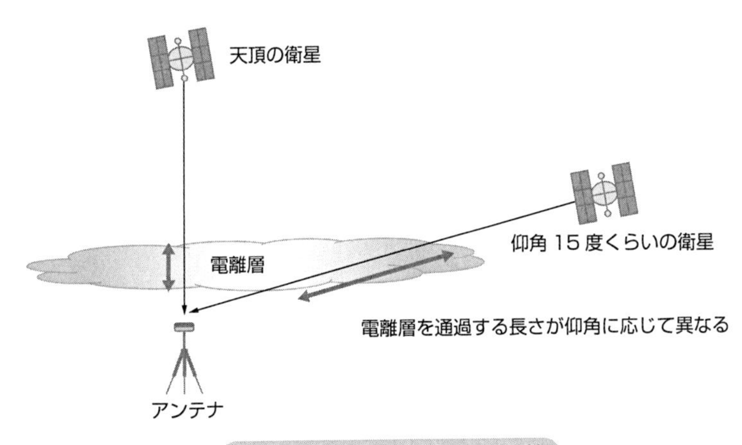

電離層遅延量の仰角による差

れらの誤差の大きさを見られてどうでしょうか？思ったより大きいのではないでしょうか？仰角の低い衛星まで含めて測位すると、普通に10ｍを超える誤差になりそうですね（例えば6つの誤差要因の二乗和の平方根をとる）。

では、なぜ一般で利用されている市販受信機の単独での精度がオープンスカイで2～3ｍのレベルなのでしょうか？その答えは簡単です。一般的な市販受信機の中のソフト内では、電離層や対流圏遅延量のモデル式が組み込まれており、衛星からの電離層の簡易情報を利用し、仰角に応じた遅延量を予測することで、電離層遅延量を1～2ｍ程度、対流圏遅延量は1ｍ以内の精度で推定することが可能だからです。最初に書きましたように、受信側が自身で推定し誤差の大きさを低減することが極めて重要です。そうすることで、みなさんが市販受信機で経験されている2～3ｍの精度になります。

誤差要因の中には、受信機単独ではどうしようもない要因が2つあります。それは衛星側の時計と位置の誤差です。この2つは今後衛星測位システムを運用する各国が精度を向上させるか、または補正データとして受けとることによって改善できます。マルチパス誤差は電波環境に強く依存します。高層ビル街で受信機の示す位置が飛んだ経験をされた方も多いと思います。受信機ノイズは、受信機依存ではありますが、熱雑音に起因していますので、下限値は必ずあります。本章では各誤差要因の詳細をみていきます。

35 衛星の位置の精度

何が精度を決めているのでしょうか？

衛星の位置誤差と聞いてどのようなイメージをもたれるでしょうか。図に衛星の位置誤差の定義を示しました。衛星測位は3次元で位置を決定するシステムですので、衛星の位置誤差も3次元で定義されます。本来の衛星位置を実際の軌道上の黒丸として、放送される航法メッセージ内にあるエフェメリスで計算された衛星位置は、点線上の黒丸となります。進行横方向、進行方向そして視線方向の3つの成分に分けることができます。実際には地球中心座標系で計算されていますので、その座標系の（X, Y, Z）成分としても誤差を計算できます。我々が通常の測位計算で利用するエフェメリスの軌道精度は、おおよそ1m前後といわれています。

実際のエフェメリスの軌道精度を評価した図を示しました。これは2017年の1月のもので24時間分です。0秒はUTCの0時になります。どのように評価するかですが、1週間ほど待てば、IGS（International GNSS Service）のWEBサイトに測位衛星のFinal暦というものがアップされます。このFinal暦の精度はGPS衛星の場合、衛星位置誤差が2～3cm、衛星時計誤差が75ps程度といわれています。ピコ（p）は10のマイナス12乗です。よって、エフェメリス由来の位置や時計の精度を評価するには十分です。図の実線が進行横方向の誤差、破線が進行方向の誤差、点線がラジアル方向の誤差となります。これはGPS 24番衛星のものです。およそ2時間ごとに不連続になっている箇所がみられますが、2時間ごとにエフェメリス情報が更新されているためです。精度としては、最大でも1m前後に入っており、公称精度であるrms値（数m）は十分達成されています。これは1つの衛星の結果ですが、おおむね他のGPS衛星も同様の結果となります。もし衛星と受信機間の距離を正確に測定できたと仮定しても、このように衛星側の位置誤差

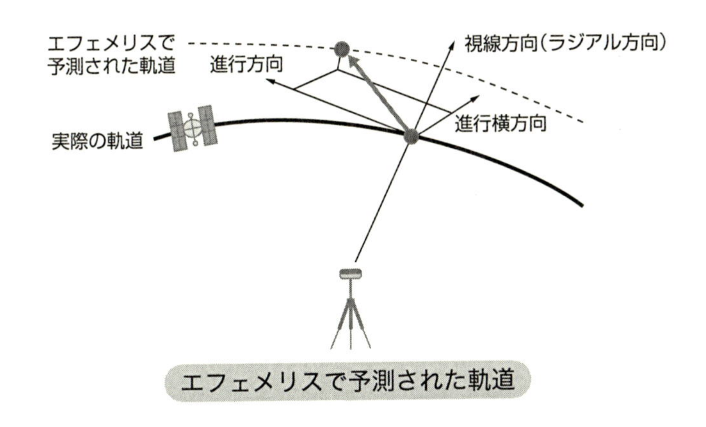

エフェメリスで予測された軌道

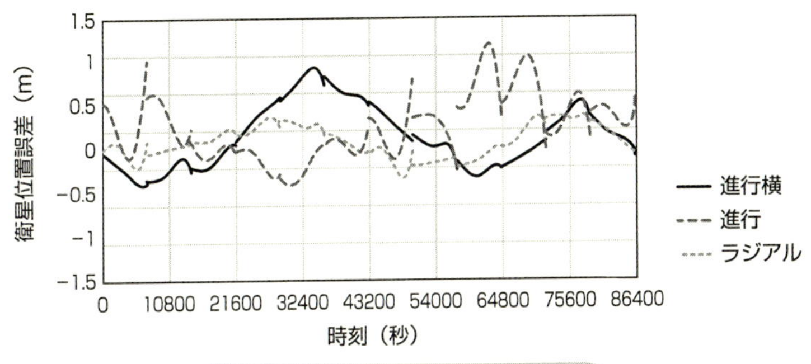

実際のエフェメリスの軌道精度

が残存していますので、補正データのない単独測位では、1 m程度の精度が限界であることがわかります。衛星の位置誤差については、今後の新しい衛星の打ち上げで、少しずつ改善する可能性があります。

各国の測位衛星から放送されているエフェメリスによる衛星位置精度を決定している要因は、技術的に精度を向上させることができていないというよりは、むしろ、決められたビット数で衛星の軌道情報を納めることや、更新周期などにあると思います。実際、高精度用に、リアルタイムで10 cm程度の衛星位置情報を放送するサービスが存在します。技術的には可能ですが、信頼性や継続性が強く求められ、公的かつ無料のサービスとして放送するかは別の問題のようにも思います。

36 衛星の時計の精度

原子時計も完璧ではありません

測位衛星に搭載されている時計は原子時計で、ルビジウムやセシウム発振器が搭載されています。原子時計は数十万年に1秒程度の安定度があります。これは1秒ずれるのに数十万年を要するという意味です。たしかにすごい安定度ですが、例えば1日経過するとどのくらいずれるでしょうか。10^{-12}の安定度すると、86,400秒をかけて（ここでは計算しやすい10万秒とします）およそ10^{-7}秒ずれることになります。これに光速をかけて距離に換算すると、およそ30 mとなります。1ヶ月間なにもしないとさらに約30倍で900 m程度ずれることになります。ざっくりとした計算ですが、衛星に搭載されている原子時計は、何も補正しないと、すなわちメンテナンスしないと確実にずれます。

GPSで利用している時刻はGPS時刻で統一されています。この時刻の1秒のタイミングは国際原子時に対して非常に高い精度で同期が維持されています。GPS衛星がしなければならないことは、このGPS時刻からどのくらい自分の衛星がずれているかを知ることと、それをユーザに放送することです。各GPS衛星がどのような形で放送しているかは、式に示したとおりとなります。係数が3つあり、それぞれバイアス分、1次項、2次項となります。測位衛星を運用する各国は、この重要な係数を事前に決定する必要があります。これらの係数は航法メッセージで各衛星より放送されていて、ユーザである受信機は、この式に基づいて自身で補正することになります。なお、2次項の係数はGPSや「みちびき」では現在0になっているようです。これはバイアス分と1次項の係数のみで、所定の時計精度を維持できることを意味しています。中国のBeiDouや欧州のGalileo衛星も同様の手法で衛星の時計を補正しています。

衛星の時計誤差$=a_{f0}+a_{f1}(t-t_{oc})+a_{f2}(t-t_{oc})^2$

a_{f0}, a_{f1}, a_{f2}は衛星から放送されるエフェメリスに含まれる係数

tは現在のGPS時刻

t_{oc}はエフェメリス情報の基準となる時刻

衛星の時計誤差の式

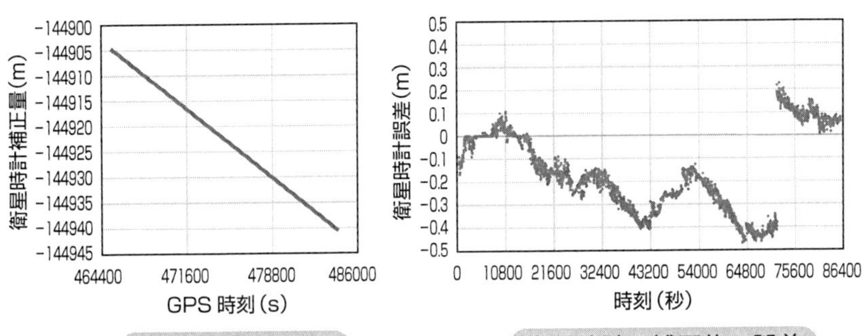

衛星時計の補正量

衛星時計の補正後の誤差

実際にGPS 25番衛星が放送している自身の時計の補正量を計算した、精密時計（IGSのFinal暦）からの誤差を図に示しました。2017年の11月のものです。左図を見るとわかるように、この補正をしないと最終的な測位位置が大きくずれます。各衛星でこの時計補正量はまちまちですが、必ず補正しなければなりません。例えば、この25番衛星では、約145 kmのオフセットを距離情報に与えなければなりません。6時間弱で35 m程度変化していることもわかりますね。距離情報と書いたのは、測位演算はすべて時計誤差も距離情報に換算するためです。この計算の元となる補正係数は、GPSの場合2時間ごとに更新されます。日本の「みちびき」は、現在1時間ごとです。また実際の誤差を見ると、1日のデータではありますが、おおむね50 cm以内の精度があることがみてとれます。

第6章で、ディファレンシャル方式やRTK方式をとりあげますが、基準局とユーザ局で、補正データの遅延がある場合、この衛星時計誤差を考慮する点に注意してください。

電離層を通過する影響

太陽の活動と関係が深いですね

電離層は地球上の約50 kmから約1000 kmまでの高さに広がっている、電離された気体（自由電子とイオン）の存在する領域です。図に電離層のイメージを示しました。電離層の状態は主として太陽活動の強さによって決まります。昼と夜で大きく変化し、太陽が昇ってくると、電子密度が上昇し、14時頃にピークを迎えます。その後減少し、夜には電離がほとんど起こらず電子密度が減少します。昼夜の電離層の状態を表わす図を示しました。この図は、日本時間の14時前ですので、ちょうど日本付近の南側で電離化された電子数が多いことがみてとれます。白い部分以外は、数値で見ると0～30となっています。

電離層内における無線信号の伝搬速度は、その経路における総電子数（Total Electron Content、TEC）に依存しています。つまり、測位衛星からアンテナまでに通過する電離層内の電子数を積分した値です。図のTECUという単位は、天頂方向の1 m^2の円柱に10^{16}個×TECUの電子が含まれることを意味しています。太陽活動が活発になり太陽フレアが引き起こされたというニュースを聞いたことがあるのではないでしょうか。このようなときは、TECは急激に上昇し、100 TECUを軽く超えることがあります。

次に実際に重要となる電離層による遅延量をみましょう。周波数を定義すると、電離層内での屈折指数を定義することができます。そして、電離層における測位衛星からの搬送波位相の速度は真空中の光速を超えます。一方、測位衛星からのコードで変調された信号の速度は同じ大きさ分、光速より遅くなります。その影響による電離層遅延量を式で書くと図の通りとなります。搬送波位相測定値とコード測定値で大きさが等しく符号が反対です。*TEC*は総電子数で*f*は周波数です。この式による遅延量はあくまでも、衛星

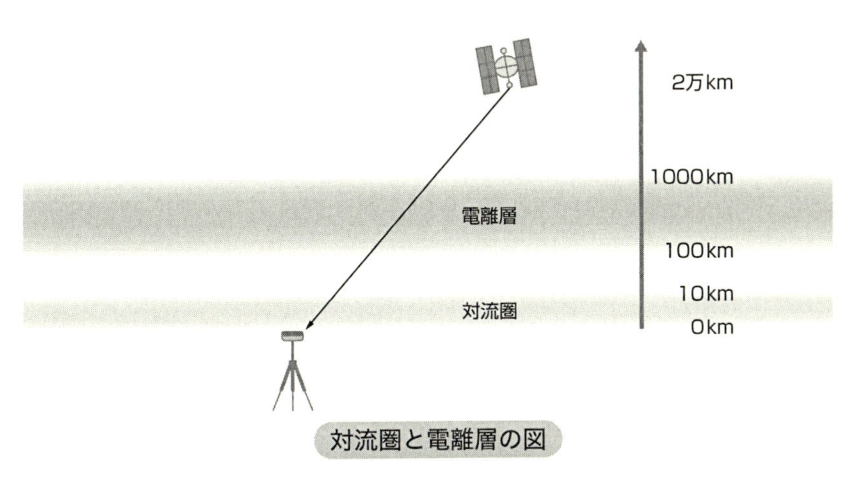

対流圏と電離層の図

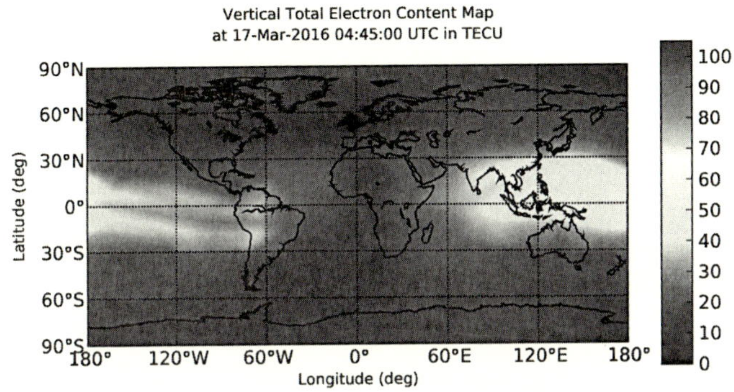

出典：http://web.matrix.jp/trimble-min/

電離層の状態（電子密度）

$$(\text{コードでの電離層遅延量}) = -(\text{搬送波位相での電離層遅延量}) = \frac{40.3 \cdot TEC}{f^2}$$

電離層遅延量の式

が天頂に存在したときの式です。実際には、衛星の仰角に応じて、電離層を通過する信号経路の長さは変化します。この経路を考慮するために掛ける係数があり、傾斜係数と呼ばれています。電離層の場合、高度が約300～400 km程度ですので、天頂方向で1、仰角5度付近で3となります。

対流圏を通過する影響

地球の大気の層で一番下の部分です

対流圏は前ページの図に示したように、大気の層の一番下になります。高度でいうと地上から10 km程度までの領域です。この対流圏における大気による屈折が存在するため、衛星測位にも影響があります。電離層と異なり、太陽活動などの他の影響を受けることが少なく、大気の物理モデルによる推定で誤差を10 cm程度以内にまでできます。なお、空気中の水蒸気量の変化による影響があります。電離層では、通過する電波の周波数の違いによって、遅延量が異なりますが、対流圏では周波数に依存しないため、全ての周波数に対して遅延量も同じとなります。

受信機側の単独測位で利用されるモデルはいくつかありますが、ここでは代表的なSaastamoinenの式の概要を図に示しました。乾燥大気と湿潤大気に分けたモデルとなっており、大気圧や絶対温度を入力することで、対流圏における天頂方向の遅延量を推定することができます。実際には、衛星の仰角に応じて通過する対流圏の厚さが異なりますので、それを考慮した傾斜係数を合わせて計算する必要があります。傾斜係数も乾燥大気と湿潤大気で別々に与えられます。電離層と異なり、対流圏は地上に近い領域にありますので、傾斜係数による影響が電離層よりも大きくなることに注意してください。参考のために、表に仰角に応じたそれぞれの値を示しました。また対流圏は通過する大気の長さに比例するため、受信機側の高度方向の変化に気をつけなければなりません。標高0 mと標高1000 mでは、同じ衛星でも対流圏遅延量は確実に異なります。逆にいうと、高度数十km上空は対流圏ではないため、考慮する必要がありません。通常のソフトでは、受信機で測定している高度の値に応じて、対流圏遅延量も変化させるように作られています。また、仰角が15度前後の衛星では、対流圏遅延量が天頂方向の約4倍近

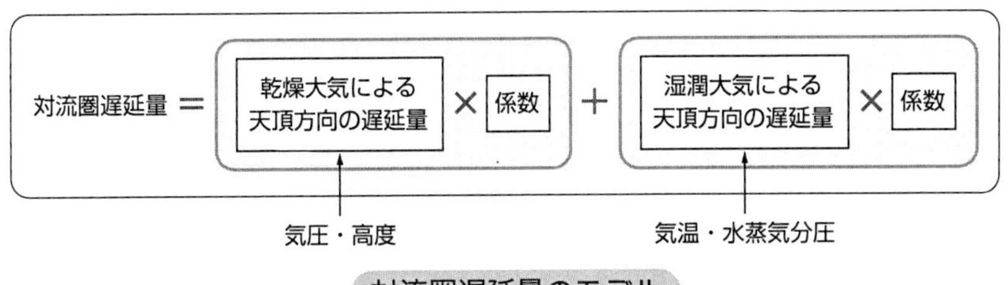

対流圏遅延量のモデル

●仰角ごとの対流圏遅延量　　単位：m

仰角	15度	30度	45度	60度	75度	90度
乾燥大気遅延（天頂方向）	2.32	→	→	→	→	→
傾斜係数	3.80	1.99	1.41	1.15	1.03	1.00
湿潤大気遅延（天頂方向）	0.29	→	→	→	→	→
傾斜係数	0.25	0.40	0.47	0.50	0.50	0.50
対流圏遅延量	8.89	4.73	3.41	2.81	2.54	2.47

くになります。天頂方向に対する遅延量を通常の2.5 mとしても、仰角15度では約10 mの遅延量が存在することになります。

対流圏遅延量は乾燥大気と湿潤大気の2つのモデルによって推定されていますが、遅延量の大部分は通常、乾燥大気によるものです。そのため、急激な空気中の水蒸気量の変化がない限りにおいては、対流圏遅延量の推定精度は良好のはずです。対流圏遅延量の推定にはSaastamoinenの式の他にもよいモデルが存在します。また対流圏遅延量をより正確に推定するためのポイントは、自身が測定したい場所の気圧と温度を正確に入力することです。Saastamoinenの式と正確な気象情報で、季節にもよりますが推定誤差は5〜6 cmになるといわれています。

一方、水蒸気量の変化によって、対流圏遅延量が変化することを逆に利用して、気象予報精度の向上のために、衛星測位で水蒸気量を推定する研究も活発に行われています。

マルチパスによる影響

電波が障害物に遮られると困ります

衛星測位の中で最もやっかいな誤差がマルチパス誤差です。3つに分けて説明します。1つ目が、電波が建物などの障害物に遮られることによる影響です。2つ目は、建物などに反射した電波と直接波を合わせて受信することによる影響です。3つ目は、直接波のない反射波だけを受信することによる影響です。1つ目と3つ目は類似する部分があるのですが、1つ目は頻繁に遭遇する受信レベルの低下に焦点をあて、3つ目は強い反射波のみを受信するケースに焦点をあてています。これら3つのケースについて図に示しました。

ここでは、1つ目について説明します。受信機側のアンテナに直接届く電波を直接波といい、建物で反射したり回折したりして届いた電波を総称してマルチパス波と呼びます。もし建物などの障害物による電波の反射や減衰がなく、建物内でも衛星からの電波を十分受信できたとすると、すごいことです。昨今注目されている屋内測位技術はほとんど衛星測位でカバーされ、自動車の自動運転も衛星測位に頼る部分が多くなると考えられます。実際、みなさんがスマホを利用しているときに、屋内やトンネル、さらには地下鉄でも大きな不便を感じたことはないかもしれません。これは、携帯電話の基地局がくまなく設置され、スマホで受信するパワーが十分あるためです。建物内ではスマホの受信電力は確実に落ちています。ただ、データ通信に必要な最低レベルの受信電力は確保されているのです。またスマホは距離を測定しているのではなく、データ通信を主としています。衛星測位では、正確な距離を測定する必要があるため、直接波を受信することが肝心です。測位衛星と受信機は2万km以上離れており、スマホが基地局から受信している10万分の1以下の電力しかありません。建物内どころか、直接波の見えない建物の影に入っただけで受信電力が大きく低下し、測位精度が劣化します。

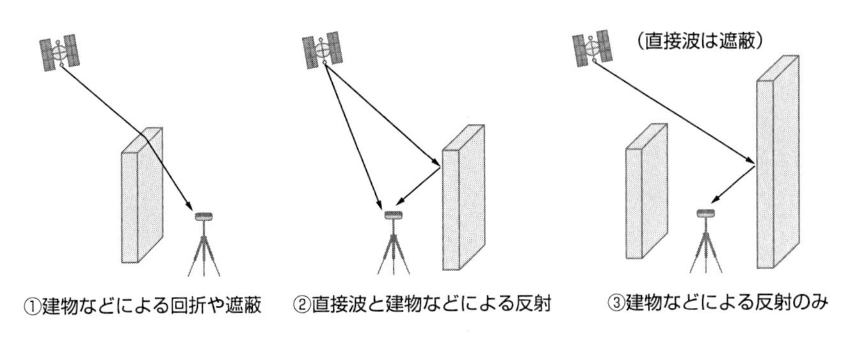

マルチパス

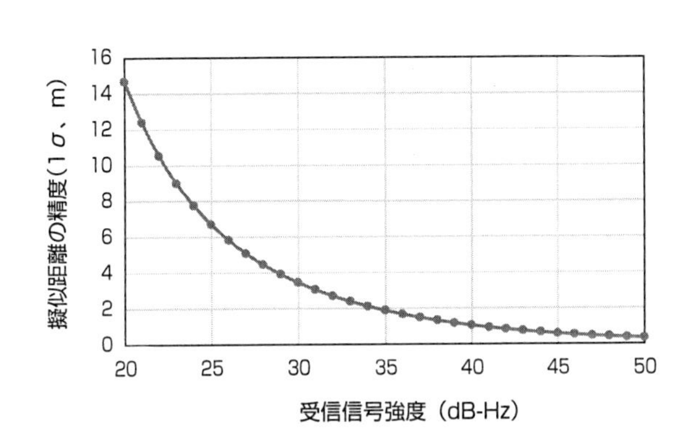

受信信号強度と精度

一般的なコンシューマ受信機を利用したときの受信信号強度と距離測定値の精度（1σ）の関係を図に示しました。例えば鉄筋コンクリートの建物内でも、窓付近や最上階であれば屋上からの電波をかすかに受信することができます。このようなケースでの信号強度はおおむね30 dB-Hz以下で、20 dB-Hzを切るときも多くあります（オープンスカイでは通常35～50 dB-Hz）。図をみるとわかるように、受信レベルが大きく低下すると、距離測定精度が10 m以上に低下することがわかります。結果として、測位された位置も容易に10 m以上ずれることになります。このように、衛星測位は、世界中で利用できる利点がありますが、局所的には、直接波の届く場所でのみ安定して利用できる側面があります。

直接波も反射波も受信

電波が障害物にはねかえって誤差になります

ここでは、2つ目の建物などに反射した電波と直接波を合わせて受信することによる影響について考えます。このようなマルチパス波を受信することで、測位精度にどのような影響があるのかを説明します。図を見てください。衛星から送信される情報の中にコードというものがあります。受信機側ではこのコードの相関最大値での時刻を測ることで、距離を算出しています。衛星からのコードそのものには衛星から送信された瞬間の時刻が刻まれており、相関最大時のタイミングで受信機側の時計を読むことで、電波の伝搬時間を測定できるという仕組みです。GPSのL1-C/Aの場合、1.023 Mcpsの速度で変調されており、1つの矩形波で距離に換算して、約300 m相当(光速の1,023,000分の1)となります。衛星からのコードと受信機側で発生させるコードのタイミングが一致すれば、図のように相関波形のピークをとらえることができます。ただし、このように相関波形全体をみることのできる理由は、受信機側で発生タイミングをあえて少しずつずらしたためです。

例えば高層ビル街で、もし150 m程度遅れて受信されるマルチパス波(直接波の半分の電力)があるとどうなるでしょう。150 m遅れた地点に相関ができることになりますので、その合成波を受信機ではみることになります。実際の信号追尾処理は、完全にタイミングを一致させて追尾することは困難なため、あえて早いタイミングと遅いタイミングの相関値をとり、比較してその差がなくなるように追尾しています。そのため、直接波とマルチパス波の混入した合成波では、距離測定のタイミングが本来の位置からずれてしまうことがわかります。この差がマルチパス誤差となります。マルチパス誤差を低減させる技術は1990年代から活発に開発されており、受信機内部の信号処理技術で、おおむね遅延距離(直接波とマルチパス波がアンテナまで到

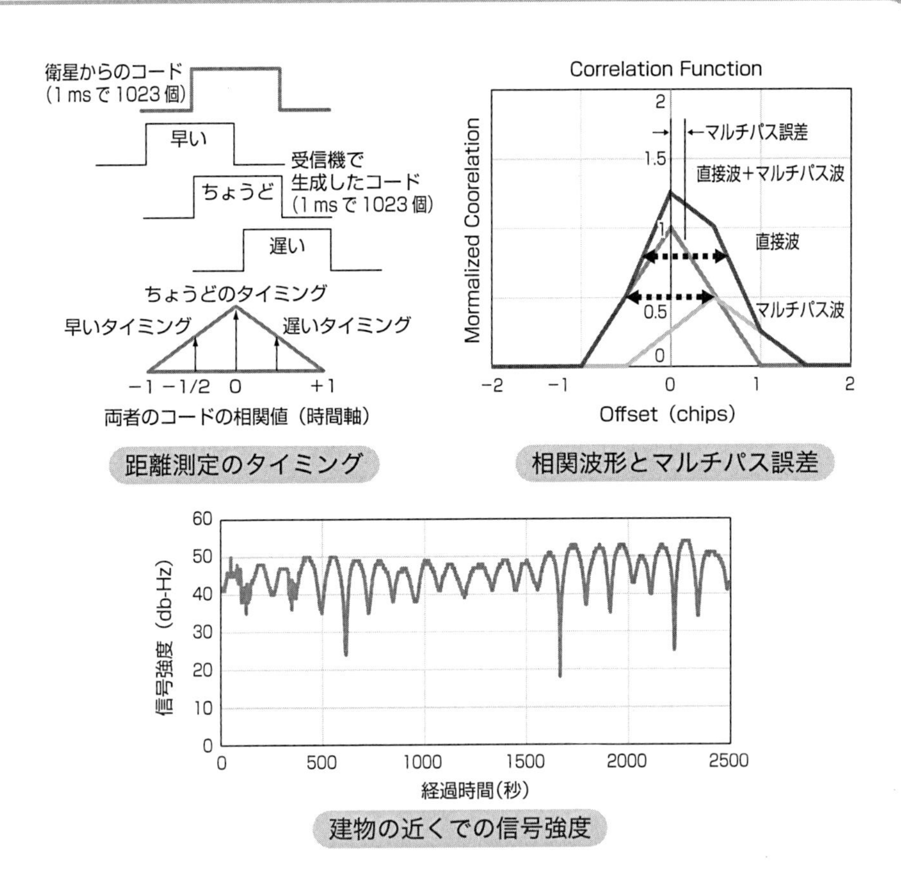

距離測定のタイミング

相関波形とマルチパス誤差

建物の近くでの信号強度

達する距離の差）が20～30 m以上のマルチパス波については、ほぼ完全に影響を受けないレベルとなっています。ただし、直接波を受信できていることが大前提となります。図に大学構内の建物の横約8 mにアンテナを設置しているときの実際の信号レベル（信号レベルとマルチパス波の遅れは相関があります）を示しました。正弦波のように上下していることがわかります。この上下する理由はなんでしょうか。アンテナと建物が静止していると、遅延距離は衛星の動きのみでゆっくり変化します。このときの位相はどうでしょうか？直接波の位相を追尾しているため、マルチパスの位相は遅延距離とともに変化しますね。ちょうど1波長分の遅延距離の変化で360度です。この位相の変化によってマルチパス側の相関が正弦波のように動いているのです。その結果、マルチパス誤差も正弦波のように上下することになります。

反射波のみ受信

マルチパスのなかでもとてもやっかいです

最後の3つ目のマルチパスです。直接波の届かないときに、強い反射波を受信すると非常にやっかいです。図にイメージを示しました。実はこのようなケースは高層ビル街では多発しています。最近の高層ビルはコンクリート表面が平らで、また、きれいなガラス張りのケースも多いです。このような建物表面で測位衛星の電波が反射すると、強い信号レベルを保ったまま跳ね返されるときがあります。図のように、直接波が完全に遮られて、強く反射された反射波のみ受信すると、受信機は、この反射波を直接波と勘違いして追尾してしまいます。そうなると測位精度はどうなるでしょうか？明らかに異なる距離で計算することになりますので、大きな位置飛びが見られるはずです。みなさんも高層ビル街で位置が飛ぶのを経験されたことがあるのではないでしょうか。直接波とマルチパス波を両方受信しているときと異なり、本来の直接波と反射波の遅延距離そのものがマルチパス誤差となるため、100 m以上飛ぶことも頻繁にあります。

実際に東京の八重洲周辺を自動車で走行したときの測位結果を図に示しました。測位演算は、受信機から出力される擬似距離を用いて通常の単独測位演算を施したものです。みると、おおよそどの道を走行していたかはわかりますが、頻繁に100 mを超す位置の飛びが存在します。途中、周囲がやや開けている場所を走行しているときの結果と比較すると、測位精度の差がよくわかりますね。このように衛星測位による位置の精度は、周囲の環境によって大きく異なるのです。

次に、別のデータになりますが、東京中央区の中層ビル街での測位結果をもう少し詳しくみましょう。図に横軸を時刻として、縦軸に水平方向の誤差と車両のスピードを合わせて示しました。図を見て何か気づくことがありま

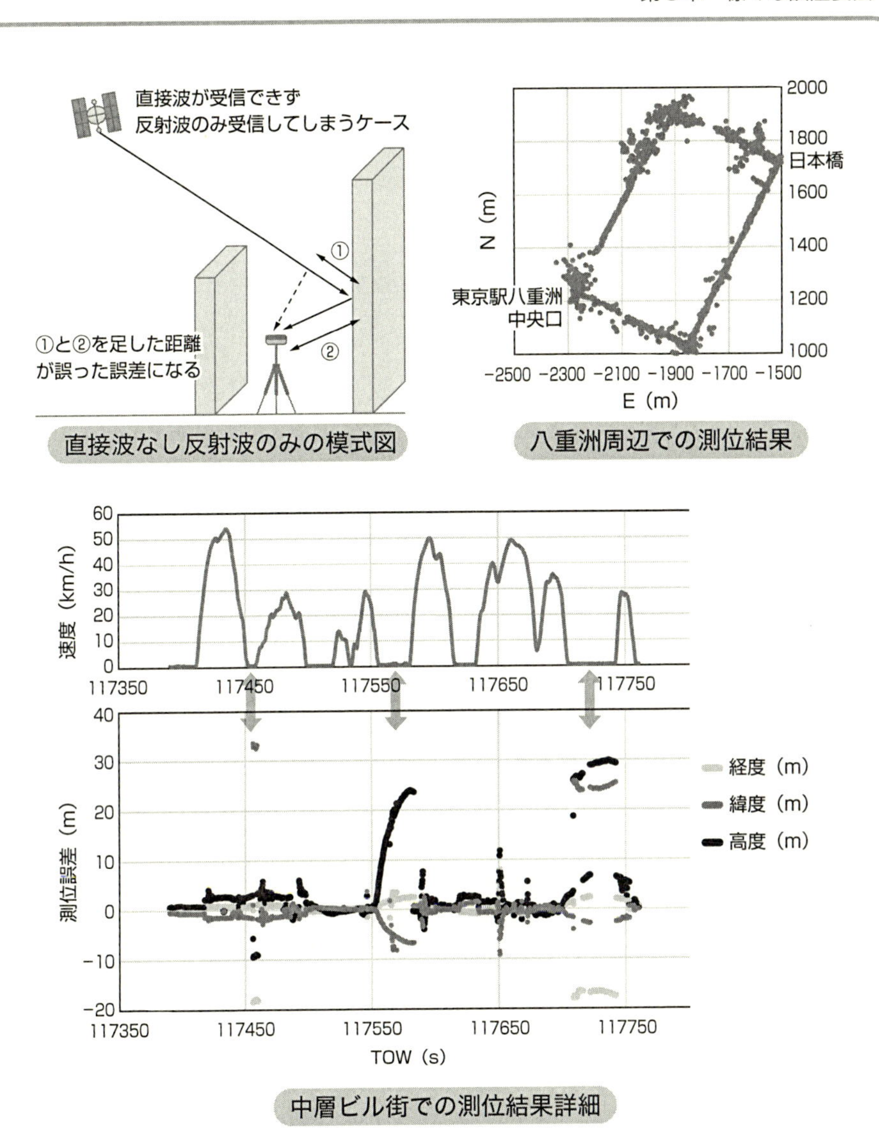

せんか。速度が低いとき、すなわち信号待ちをしているときに、大きな誤差が発生しているケースが多いです。停止中は、建物で反射された電波が安定して受信機のアンテナで受信されるのです。走行中は、建物と移動しているアンテナとの関係が時々刻々変化するため、建物に反射された電波を安定して受信することができないのです。

42 衛星の配置の重要性

位置精度に大きく関与します

最初に結論から書くと、衛星測位における測位精度は、受信機で測定する衛星と受信機間の距離精度と、衛星配置の両方に依存しています。

測位精度＝衛星と受信機間の距離測定誤差
×衛星配置による劣化係数（DOP）

もし測定した距離が完璧で1 mmくらいの精度だったとすると、衛星配置による係数を掛けてもそれほど影響はないかもしれません。しかし、測定した距離の精度が2～3 mだとどうでしょうか。このとき、衛星配置による係数が10だと測位精度が20～30 mとなってしまいます。このように、衛星測位では衛星の配置がよいのか悪いのかを常に把握しておく必要があります。

この衛星配置のよし悪しを示す係数とはどのようなものでしょうか。まず図の2つの例をみてください。2次元で2つの衛星から位置を求めるものです。左と右でどちらの衛星配置がよいでしょうか。右ですね。測定した距離の精度が同じ1 mと仮定すると、求まりそうな位置の範囲は両者で異なります。左の場合、衛星が同じ方向にいるため、どうしても決定できる位置の範囲が広がってしまいます。一方、右では衛星が四方にあるため、決定できる位置の範囲が正方形に近くなり（範囲が最小になり）ます。このように距離の測定精度を全ての衛星で同じと仮定して決定すると、衛星配置による精度の劣化（位置誤差の広がり）を数値で規定できるのです。これがまさに衛星配置による精度劣化係数です。通常DOP（Dilution of Precision）と呼ばれています。水平方向の衛星配置による精度劣化係数を見るときはHDOPで規定します。同様に、高度方向はVDOP、3次元ではPDOP、時計誤差の精度への影響はTDOP、全てを考慮したものをGDOPと呼びます。

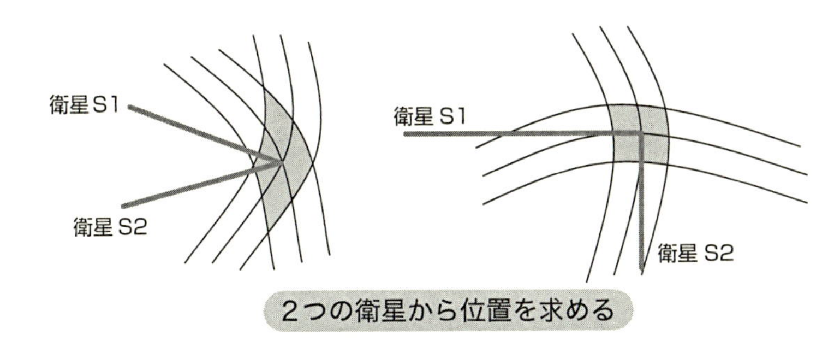

2つの衛星から位置を求める

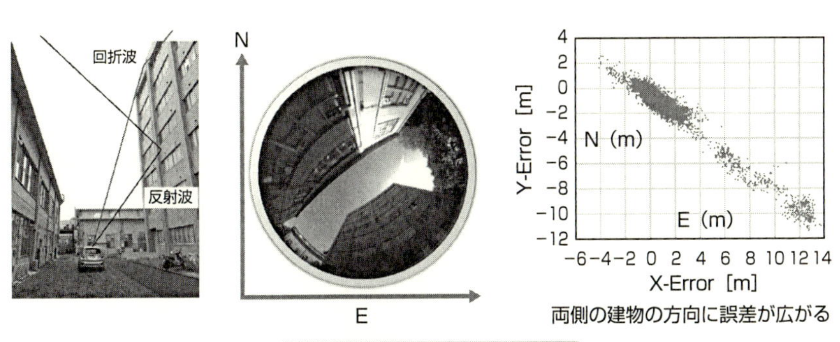

衛星配置による影響の実測

実際に衛星配置による影響をみてみましょう。両側を建物にはさまれた場所で測位衛星の観測データを取得し、単独測位演算をした結果です。位置結果が両側建物と垂直方向に広がっていることがわかると思います。両側が建物で囲まれているため、利用できる衛星は建物と平行にあるものに限られます。そのため、建物と平行方向の衛星の配置はまばらに広がっており、衛星配置による劣化は大きくありません。一方、建物と垂直方向はどうでしょうか。高仰角にある一部の衛星しか利用できないため、どうしても建物垂直方向に誤差が広がってしまうのです。みなさんも、両側をビルに囲まれている場所でスマホの位置精度を確認してみてください。その道路の方向よりも、建物垂直方向に誤差が広がると思います。これまでの話より、一般的に衛星測位では高度方向のVDOPが水平方向のHDOPより大きくなることもわかると思います。測位衛星は水平方向にはまんべんなく広がっていますが、高度方向は、ユーザからみて水平線より下の衛星は利用できないためです。

COLUMN

GPS気象学

GPS気象学は、その名の通り、GPSを利用して天気予報の予測精度向上につなげる研究です。気象とGPSにどのような関係があるのでしょうか。GPSを利用した高精度測位では、オープンスカイでmmレベルの精度で測位できます。様々な誤差要因があるのですが、これら誤差を補正することにより最終的な位置の精度が決まります。逆に考えると、誤差要因のうち対流圏遅延量分を1cmレベルで取り出すことが可能です。対流圏遅延量は、乾燥大気と湿潤大気の遅延項に分けることができます。対流圏遅延量の全誤差量がわかれば、モデル化しやすい乾燥大気による遅延量を正確に推定することで、湿潤大気による遅延量を正確に推定できます。推定した湿潤大気による遅延量から、衛星までの視線方向の水蒸気量を知ることができるのです。水蒸気量を知ることは気象予報にとって極めて重要です。現在では、国内の陸上だけでなく海上での水蒸気量推定やリアルタイムに推定するための研究開発が継続して行われています。

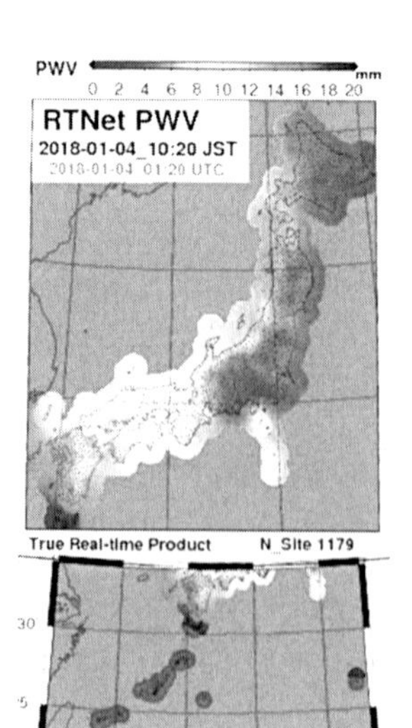

- 左は気象庁のHPで公開されている日本列島のGPS可降水量です。国土地理院の電子基準点を利用してほぼリアルタイムで計算されており、数値天気予報の入力値として利用されています。
- PWVとは、単位面積当たりの大気中の水蒸気量を鉛直方向に積分した量のことです。
- RTNetは対流圏遅延量推定ソフトウェアです。

出典：日立造船株式会社

第 6 章

精度を高める手法

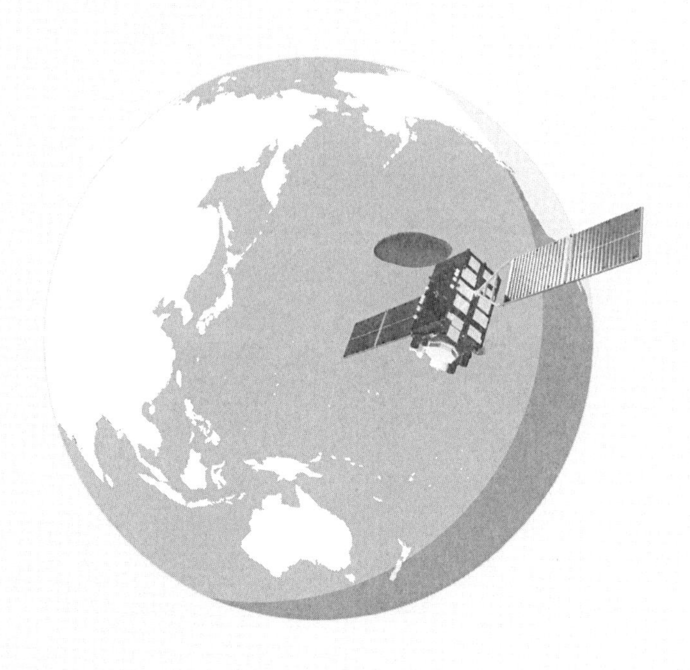

出典：qzss.go.jp

43 高精度測位

たくさんの方法があみだされてきました

衛星測位の歴史は、精度を高める手法の研究開発とともに進展してきたといっても過言ではありません。実に多くの精度向上手法が考案されてきました。その中でも基本的な手法を図にまとめました。括弧の中の擬似距離と搬送波位相は最終的な位置をどちらの観測データで計算したかを意味します。高精度単独測位もRTK-GNSSも途中の計算では疑似距離を利用します。

単独測位とは、測位衛星からの情報だけを用いて、受信機単独で測位することです。衛星の位置情報であるエフェメリスと受信機で観測した距離情報を用いて、そのときのGPS時刻での位置を求めます。擬似距離と搬送波位相で区別しているのは、両者では観測データそのものの精度が異なるためです。周囲の開けた環境で疑似距離は1m程度、搬送波位相は数mmのレベルです。高精度単独測位は、単独測位にプラスして、衛星の精密な暦と時計情報を衛星経由で入手します。PPP（Precise Point Positioning）と呼ばれています。ただし、現在の測位衛星をみると、この情報を放送しているのは日本の「みちびき」のみです。商業ベースの通信衛星の回線を用いてPPPの補正情報を放送しているものもあります。そこには電離層の情報なども一部含まれています。単独測位の分類にした理由は、衛星からの情報だけで受信機単独で計算ができるためです。単独測位は周囲の開けた環境で数m、高精度単独測位は数cmの精度です。

次に相対測位とは、近接の基準局の精密位置と観測データを得て、精度を向上させるものです。なぜ精度が向上するかのイメージを図に示しました。衛星の位置や時計の誤差は、地上の複数地点で同じ衛星を利用していますので、ほぼ同じになります。また電離層や対流圏の特性として、近い距離では相関があり、ゆっくり変化しますので、近接の観測点同士でそれほど差があ

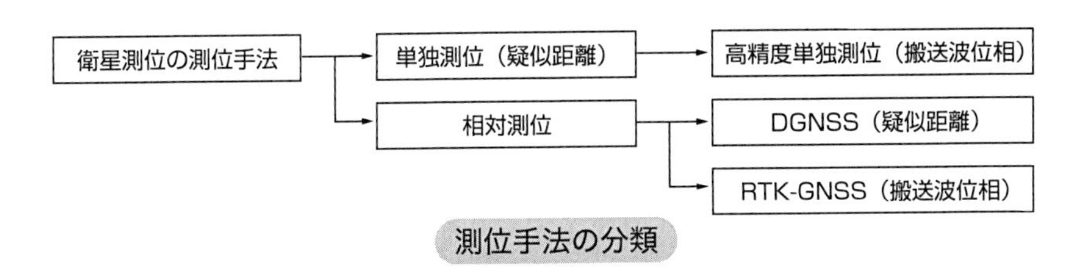

測位手法の分類

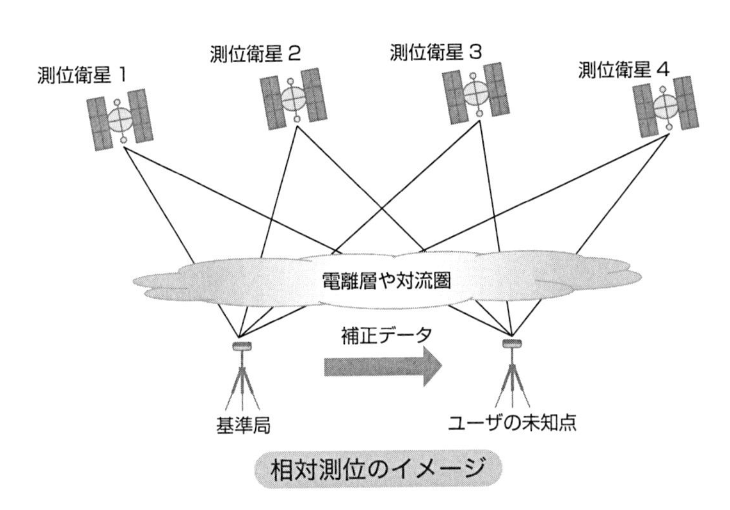

相対測位のイメージ

りません。これら誤差もかなり低減できます。相対とありますように、基準局の精密位置に対して、求めたいユーザ側の位置までの3次元のベクトルを求めます。DGNSS（Differential GNSS）は擬似距離を基本とする相対測位です。厳密にはDGNSSの中に大きく2つの手法があります。1つは基準局から補正データを得て、求めたいユーザ側の位置を求める手法です。この場合ユーザの測位演算は、補正データを自身で観測したデータに付加するだけですので、測位演算方式は単独測位に近くなります。2つ目は相対測位でのDGNSSです。基準局の観測データそのものを利用して基準局からユーザまでの3次元のベクトルを求めます。もう1つの相対測位はRTK（Real-Time-Kinematic）-GNSSです。DGNSSと違い、擬似距離と搬送波位相の両方の観測データを基準局から得て、ユーザ側の観測データとして新たな観測値を生成し、少し複雑な計算の後、1 cmの精度で自身の位置を求めます。相対測位ですので、求まるのは基準局からユーザまでの3次元のベクトルです。

距離を測るものさし

2つの観測値が衛星測位の肝です

高精度測位と、距離を測るものさしである観測値には、密接なつながりがあります。さきほどの高精度測位の分類でも書きましたように、擬似距離と搬送波位相では最終的に達成できる精度が異なります。擬似距離では通常1m程度、搬送波位相では数mm程度です。これは、信号を追尾する方式の違いに起因しています。擬似距離を生成するコード相関器では、衛星からの信号形式、受信機の帯域幅そしてサンプリング周波数にも依存していますので、1m程度と書きましたが、一意に決めることができません。例えば、民生用のGPSや「みちびき」のL5帯信号は、チップレート（CDMAで利用されるコードの速度、何bpsか）がこれまでのL1-C/Aの10倍で、擬似距離の精度は20～30cm程度です。搬送波位相追尾器では、擬似距離のように依存するものが少なく、おおむね数mmのレベルです。

では、精度を向上させるために、擬似距離と搬送波位相のお互いのよいところを利用することはできないでしょうか。擬似距離は絶対位置を算出するために必要で、搬送波位相はその擬似距離の誤差（ノイズ）を低減させるために利用するのです。実際には、受信機内部の2つの段階で実施できます。1つ目は信号追尾ループの段階です。2つ目は観測データを出力した後の段階です。ここでは、2つ目のほうがわかりやすいので、こちらで説明します。

GPS8番衛星の擬似距離と搬送波位相の30分間の加速度分の変化を図に示しました。取得場所は、周囲の開けた屋上です。加速度分とは、現在時刻と1秒前の差分をとり（これが速度に相当）、さらにその差分について現在時刻と1秒前の差分をとった結果です。擬似距離や搬送波位相をそのまま示しても、値そのものの1秒間の変化が大きいため、わからないのですが、加速度分を示すと、両者の雑音レベルの差がわかります。擬似距離は1m弱のノ

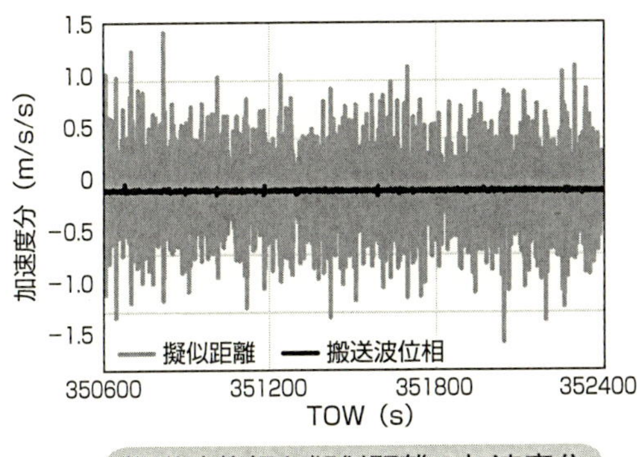

搬送波位相と擬似距離の加速度分

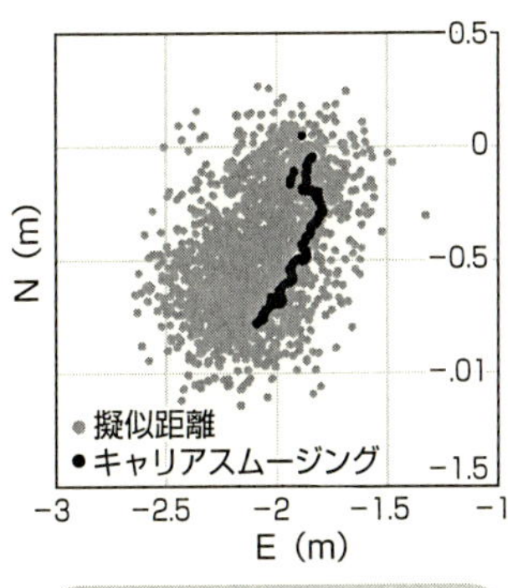

キャリアスムージング

イズがあるのに対して、搬送波位相はノイズがほとんど見られません。擬似距離はノイズが大きく絶対距離を示し、搬送波位相はノイズが小さく絶対距離はわかりません。この両者の特性を生かして、擬似距離を搬送波位相でスムージングすることができます。キャリアスムージングと呼ばれる技術です。細かい式は省略しますが、実際に擬似距離を搬送波位相でスムージングした単独測位結果と、通常の擬似距離のみでの単独測位結果の比較を図に示しました。たしかにノイズが小さくなっていますが、スムージングされた結果もバイアスが発生していることがわかります。まず擬似距離による単独測位が原点から２m程度ずれていることが影響しており、時系列でも少しずつずれていることがわかります。これが通常の単独測位の擬似距離での限界です。もし擬似距離の測位が原点付近で安定していれば、スムージングによる効果もより明確になると予想できます。

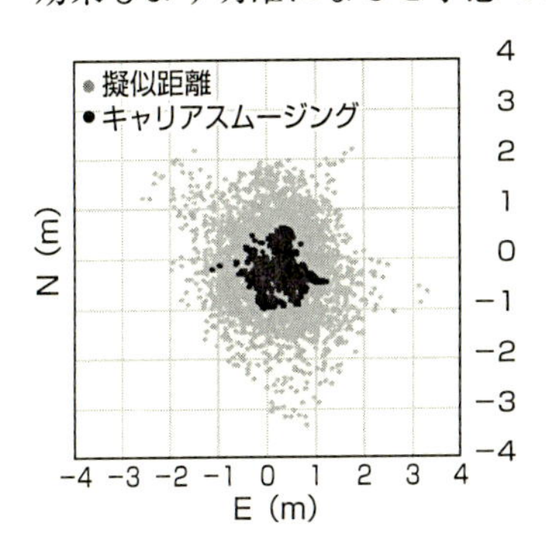

単独測位と異なり、擬似距離の測位結果の平均が精密位置である原点付近にきており、さらにスムージングの効果で、精度が向上していることがわかります

ディファレンシャル方式でのキャリアスムージング

45 基準局の必要性

高精度測位には欠かせません

第4章の電子基準点でも述べたとおり、基準局は重要です。DGNSS、RTK、PPPいずれの方式でも基準局は欠かせません。SBAS（p.118）などの広域ディファレンシャル方式でも基準局が必須です。PPPの場合、ユーザ側は衛星経由の補正データのみで高精度測位を実施できますが、その補正データを生成するために、常時数十局の基準局の観測データを受信して、衛星の精密暦（軌道・時計）を裏側で生成しておく必要があります。このオペレーションは、通常の測位衛星のための複数の地上管制局とは異なります。衛星の健康監視、エフェメリスを生成することなどの通常業務はベースとして極めて重要ですが、精密暦は、高精度用の付加的な機能であり、どの測位衛星でも通常業務と切り離しているためです。

基準局には大きく2つの役割があります。1つ目は世界測地系に基づいた日々の精密位置を提供することで、2つ目は近くの測量ユーザに対して補正データを提供することです。1つ目の精密位置の提供は大きな地震などがなければ、実用上の問題にはならないです。日本の場合、国土地理院の電子基準点の運用に依存しています。2つ目の補正データは、DGNSSやRTKの高精度測位に必須です。日本国内の基準局がなぜ密に存在するのか考えたことがあるでしょうか？密なところでは、10 kmくらいの間隔で設置されています。理由の1つは、RTKにとって、基準局からユーザまでの距離（基線長と呼びます）がとても重要だからです。通常のRTK測位の利便性（24時間のうち何％可能か）が基準局からの基線長によってどのくらい変わるかを図に示しました。これは実データではなく、おおまかに傾向を説明するためのものです。データの取得環境は周囲の開けた環境と仮定します。10 km程度まではほぼ100 %で、10 kmを超えるあたりから少しずつ利便性が低下し

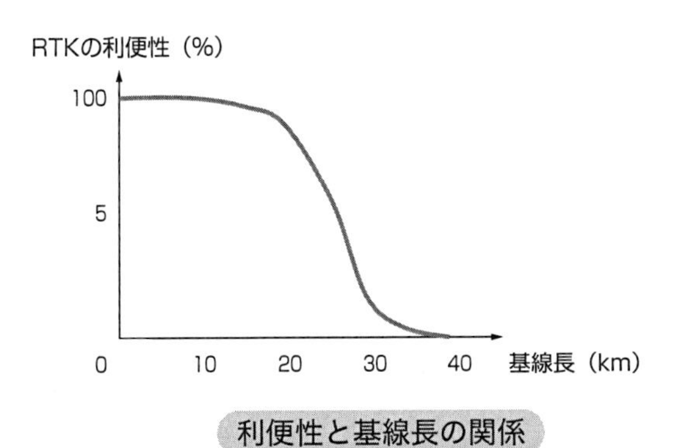

利便性と基線長の関係

始めます。20 km程度で80～90％くらいになり、そこから一気に低下します。30 km程度以上では、通常のRTKはほぼ困難と考えたほうがよさそうです。これはあくまでもイメージするためのものでして、利便性は電離層の状態（太陽活動）や利用できる衛星数及び周波数に強く依存します。電離層や対流圏の誤差は、10 km以内程度ではRTKにとって無視できるレベルですが、10 kmを超えてくると、特に電離層は無視できなくなります。このような背景があるため、通常のRTKは基線長が10～20 km以内で利用できるといわれることが多いのです。PPPを除く他の高精度測位技術もこれら基準局があることをベースにしています。最新の測量受信機では、この10～20 kmの基線長の制限より延ばしても、利便性が損なわれないものもでてきています。電離層や対流圏の誤差をどう扱うかアルゴリズム次第ですので、今後、例えば低コスト受信機で多周波対応のものがでてくると、基線長の制限距離がこれまでよりも長くなる可能性があります。

コーヒーブレイク

著者の研究室（東京都江東区）でも基準局を運用しています。大学の管理のもと運用していますので、継続性や信頼性は担保できませんが、もし実際に利用されたい方がおられましたら、以下の情報を参照してください。RTCM3.2の情報を取得できます。

IPアドレス（Ntrip）	ポート番号	マウントポイント	ID	PASS
153.121.59.53	2101	ECJ27	gspase	gestiss

46 ディファレンシャル方式

1mくらいの精度です

擬似距離を用いた測位の精度を向上させる手法として、ディファレンシャル方式があり、Differentialの頭文字をとってDGNSSと呼ばれます。DGNSSの基本的な手法は、基準局で受信した衛星の擬似距離の補正データを生成し、それらをユーザ局に送信することで精度を高めるものです。図にDGNSSの実際の流れを示しました。少しステップが多いですが、実にシンプルであることがわかります。ユーザ側は、基準局からの補正データを擬似距離に足して単独測位と同じ計算をするだけです。また典型的な単独測位とDGNSSの水平方向の比較結果を示しました。白丸が精密な位置です。数mの誤差が1m以内に低減され、かつ誤差の平均が実際の精密位置に近づいていることがわかります。基線長が100km程度までのDGNSSで、潜在的な誤差がどの程度低減されるかの表を示しました。衛星側の誤差は同じ衛星を利用するため、ほぼ0にできます（例えば、衛星時計誤差が1mあると仮定すると、基準局の補正データにその1mが含まれます。ユーザ局はその補正データを利用して自身の擬似距離を補正するため、衛星時計誤差の1m分は完全に消去できます）。電離層や対流圏による誤差は基線長にも依存しますが、基線長が100km以内であれば、数十cm程度（太陽活動が通常であれ

誤差要因	潜在的な誤差の大きさ（m）→DGNSSの誤差
衛星の時計誤差	1～2m（rms）→ほぼ0
衛星の位置誤差	1～2m（rms）→ほぼ0
電離層遅延量	2～10m（天頂）→数cm～数十cm
対流圏遅延量	2.3～2.5m（天頂）→数cm～数十cm
マルチパス	擬似距離：1m、搬送波位相：1cm
受信機ノイズ	擬似距離：数10cm、搬送波位相：数mm

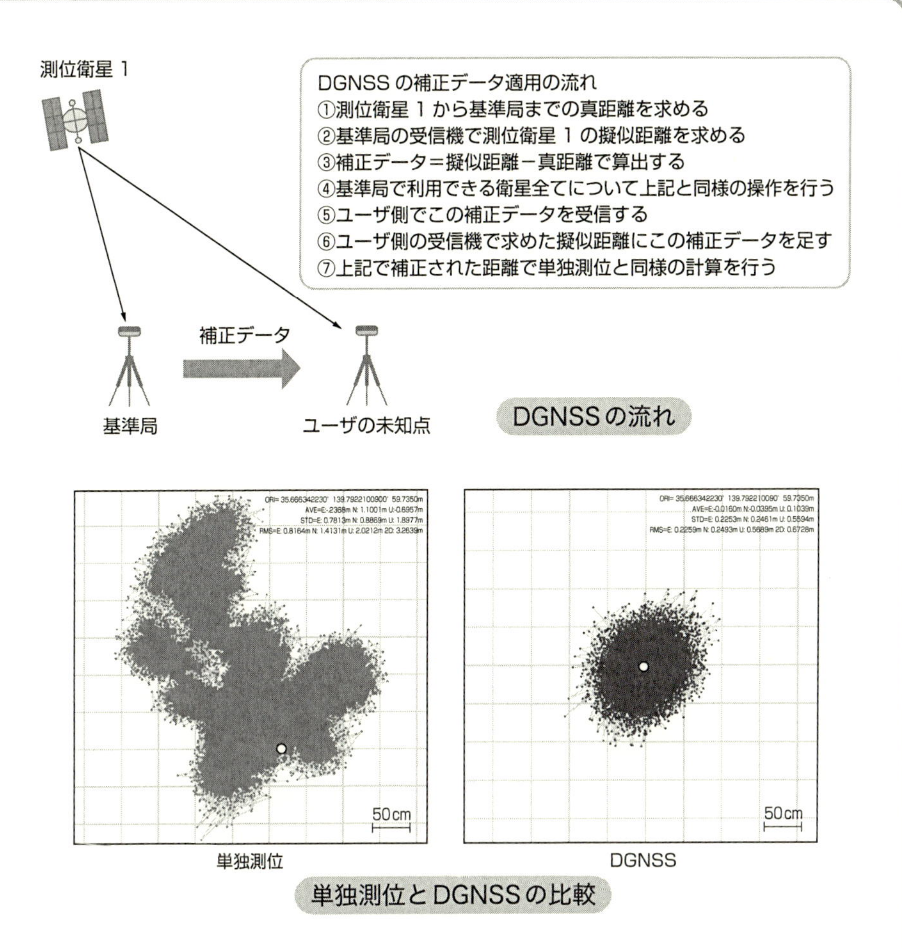

DGNSSの流れ

単独測位とDGNSSの比較

ば10～20 cm以内）まで低減でき、基線長が10 km以内であれば、数cm以内です。DGNSSの1 m程度の精度から考えると数cmの誤差は無視できますね。なお、マルチパスや受信機ノイズはDGNSSで低減することはできません。

100 km程度までと書いた理由は、DGNSSは基線長に応じて精度が劣化するためです。基線長が長くなるにつれて電離層や対流圏の2地点での相関がなくなることと、同じ衛星でも仰角が異なることに注意してください。例えば対流圏遅延量は衛星仰角に強く依存します。100 km以上離れると、この仰角の差を無視できません。基線長が長くなったときは、ユーザ自身で仰角分の差の補正をすることで精度が改善します。

47 RTK方式

1 cmくらいの精度です

RTK方式は、前のDGNSSとは異なり、基準局で生成した衛星ごとの補正データを使うのではなく、基準局の観測データそのものを利用します。また擬似距離観測値も利用しますが、最終的な測位に利用する観測値は搬送波位相です。さらに、二重位相差という新しい観測量を生成することにも特徴があります。二重位相差のイメージと実際の式を図に示しました。式の左上は基準衛星1と衛星2の、基準局とユーザ局における搬送波位相の二重位相差を示しています。各衛星と受信機間の搬送波位相の式は、第1項から順に、真の距離、衛星時計誤差、受信機時計誤差、電離層遅延量、対流圏遅延量、整数のあいまいさ（p.106）、マルチパス誤差、雑音となっています。

実際に搬送波位相の二重位相差の式の中身を書いて計算してみると、衛星と受信機側のやっかいな時計の項は打ち消しあって消去され、基線長が10～20 km以内では、電離層や対流圏の項も消去されることがわかります。残るのは、真の距離と搬送波位相のあいまいさの二重差分とマルチパスやノイズ項になります。すでに示したように、搬送波位相のマルチパスとノイズ成分は通常では1 cm以内ですので、搬送波位相の整数のあいまいささえ求めることができれば、非常に正確な距離情報を得ることができます。

なお、二重位相差をとる際に、ここでは最も仰角の高い衛星を基準衛星としています。このように、RTKは、DGNSSと異なり、基準局とユーザ局そして2つの衛星同士間の観測値を最大限利用しています。

研究室屋上で取得したRTKの水平方向の測位結果1時間分を図に示しました。基線長は約11 mですので、電離層や対流圏の誤差は0です。搬送波位相のマルチパスと雑音のみの精度となります。誤差の分布がほぼ1 cm以内であることがわかります。水平方向の標準偏差は数mmです。これが

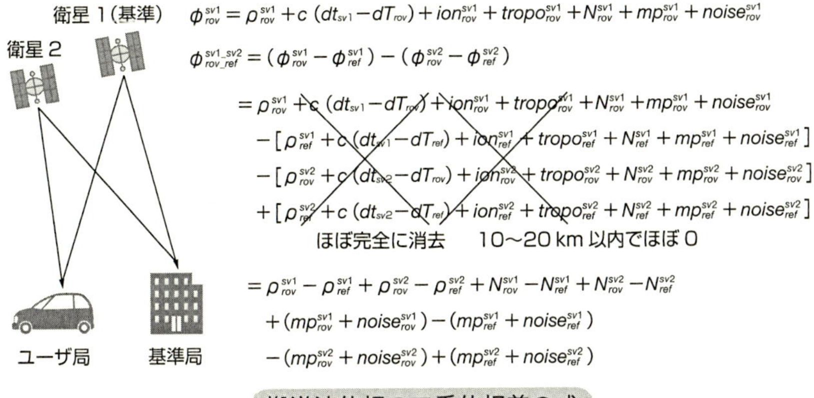

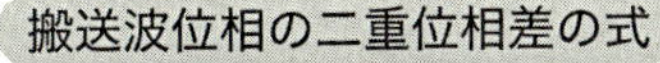

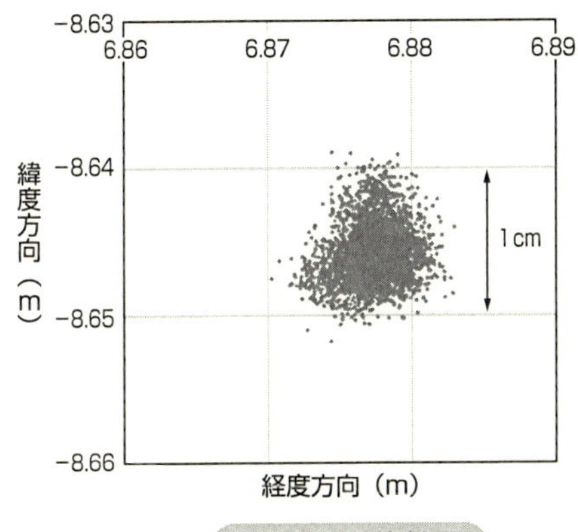

RTKの測位結果

RTKの威力です。DGNSSの場合、数cmから10 cm程度の誤差は擬似距離の雑音に埋もれますので慎重に取り扱っていなかったですが、RTKでは搬送波位相に数cmの誤差があると、上記で書いた整数のあいまいさを正しく求めることができないため、基線長の制限がDGNSSより明らかに厳しくなります。DGNSSのところで示した表でいうと、衛星の位置と時計誤差は0で、電離層と対流圏による誤差もほぼ1 cm以内が望ましいです。このように、測位方式ごとに得られる精度に応じて、補正データに求められる精度が決まります。

搬送波位相のあいまいさ

RTK方式のcmへの関門です

RTKを行うには、測位計算部で搬送波位相の整数のあいまいさ（整数アンビギュイティ）を正しく解く必要があります。搬送波位相追尾で出力する値は、衛星と受信機間の位相差と相対運動による距離変化を足したものです。位相を追尾開始した時点で、衛星と受信機間に正弦波が何サイクル含まれているかはわかりません。整数のあいまいさとは、このサイクル数に相当します。これは擬似距離だけを扱う測位演算と大きく異なる部分です。正しいあいまいさを常に完璧に求めることができるわけではないため、RTKのもつcm級の信頼性が100%にならず、期待されるアプリケーションでの利用が制限されているともいえます。この整数のあいまいさを決定することは、アンビギュイティ決定と呼ばれています。搬送波位相のあいまいさについて理解するため、簡単な2次元でのイメージを示しました。擬似距離の情報で1～2m程度まで位置を絞りこむことができます。その後、あいまいさを求めるには、GPSのL1-C/A信号の場合、波長が約19cmですので、あいまいさによる候補位置がたくさんあることがわかります。求めたいアンテナ位置は両方の衛星からの信号が交わっているところです。実際には、多いときは20機以上の衛星を利用してアンビギュイティを決定します。これさえ正しく決定できれば、1cm程度の精度が得られます。

このアンビギュイティを求めるためにはなんらかの情報が必要です。それは、アンテナのおおまかな位置です。これは擬似距離の情報から得ることができます。擬似距離の精度が50cm程度であれば、1つの衛星に対して、アンビギュイティの候補をかなり絞りこむことができます。各衛星に対して、搬送波位相情報と擬似距離情報がセットでありますので、その擬似距離の精度が図のように正規分布に近い形であれば、もっともありえそうなアンビ

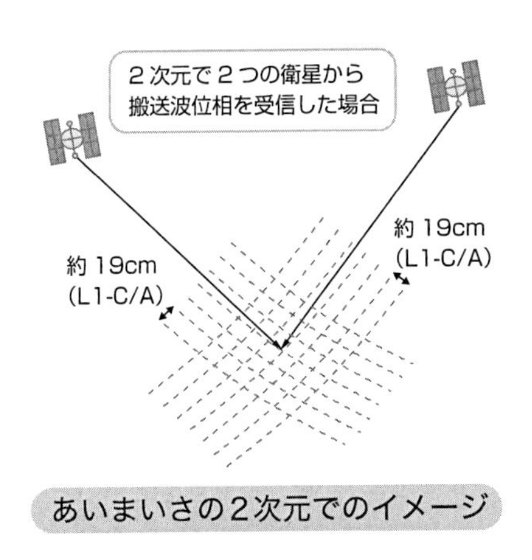

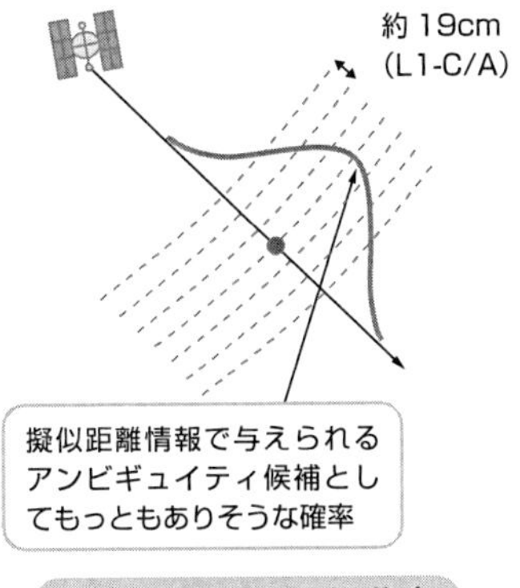

あいまいさの2次元でのイメージ

あいまいさの正規分布

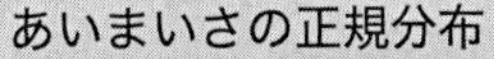

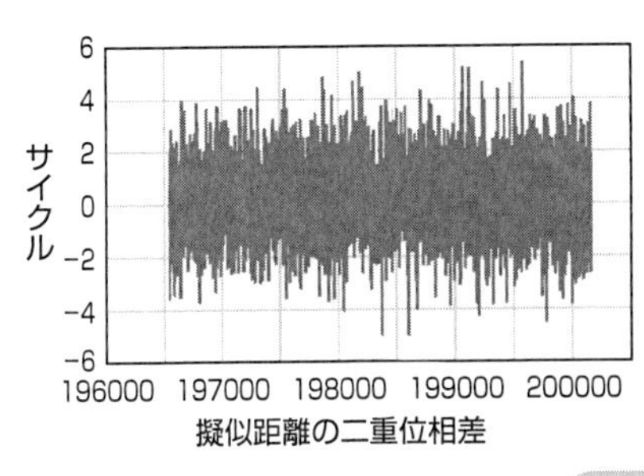

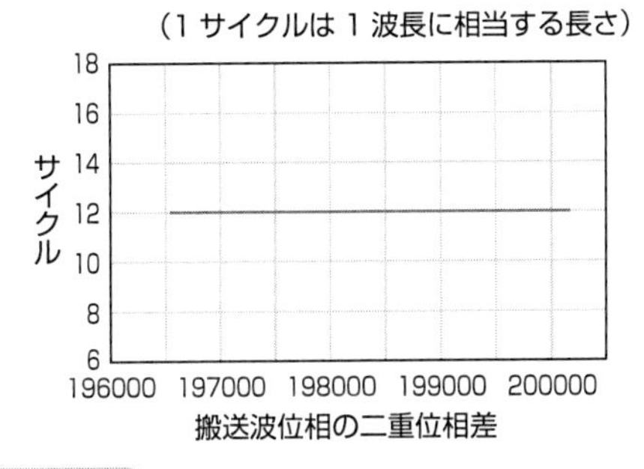

二重位相差

ギュイティの候補を探し出すことができそうですね。衛星が増えてくると、この確からしさの度合いが高まってくることがわかると思います。

周囲の開けた環境であれば、例えば利用できる衛星が10機以上（1周波）あれば、その時刻の観測データだけで正しいアンビギュイティ候補を求めることができています。衛星とユーザ受信機の単一方向だけではなく、二重位相差という観測値を生成して、二重位相差の整数アンビギュイティを求めることが多いです。同一アンテナから2つの受信機を分岐して求めた搬送波位相と擬似距離の二重位相差を図に示しました。前述の式からわかるように、同一アンテナのため、幾何学距離とアンビギュイティ項以外はノイズだけのデータとなり、搬送波位相のノイズは小さいということを思い出すと、搬送波位相の二重位相差はそのまま整数アンビギュイティになることがわかります。

あいまいさを決定するFIX解

さらに精度を高めます

搬送波位相の二重位相差には、整数のアンビギュイティが存在することはすでに学びました。基準局とユーザ局の基線長が短いと仮定すると、擬似距離と搬送波位相の二重位相差の式は次のようになります。

$$P_{rov\_ref}^{sv1\_sv2} = r_{rov\_ref}^{sv1\_sv2} + \varepsilon_{p,rov\_ref}^{sv1\_sv2}$$
$$\phi_{rov\_ref}^{sv1\_sv2} = r_{rov\_ref}^{sv1\_sv2} + N_{rov\_ref}^{sv1\_sv2} + \varepsilon_{\phi,rov\_ref}^{sv1\_sv2}$$

上が擬似距離Pで下が搬送波位相ϕです。電離層や対流圏の項は省略し、搬送波位相のアンビギュイティNを除けば、幾何学距離rとそれぞれの観測値のノイズεのみです。この式をみて何か気づかないでしょうか。そうです、擬似距離の二重位相差と搬送波位相の二重位相差の差分をとると、搬送波位相のアンビギュイティ項の二重位相差がみえてきます。みえてきますと書いたのは、これだけでは擬似距離のノイズが大きいため瞬時に決定できないのです。前の例では、同一アンテナから2つの受信機に分配したデータであったため、搬送波位相の二重位相差が、そのままアンビギュイティでしたが、実際は幾何学距離のわからないユーザ局との二重位相差になります。

オープンスカイで基線長が10 m程度になるよう設置した、2つのアンテナでの二重位相差のデータを図に示しました。あわせて両者の差分も示しました。このときの2つの衛星はGPS 16番（最大仰角の基準衛星）と26番でした。両者の差分からアンビギュイティ項の二重位相差がみえてくるはずですが、雑音が大きいために値を特定できないようにみえますね。これは約5分の結果ですが、両者の差分の平均値は7.4でした。このときの実際の正しいアンビギュイティは8でした。このように1秒でなく5分くらいの平均をみると正しいアンビギュイティに近づいてくることがわかると思います。

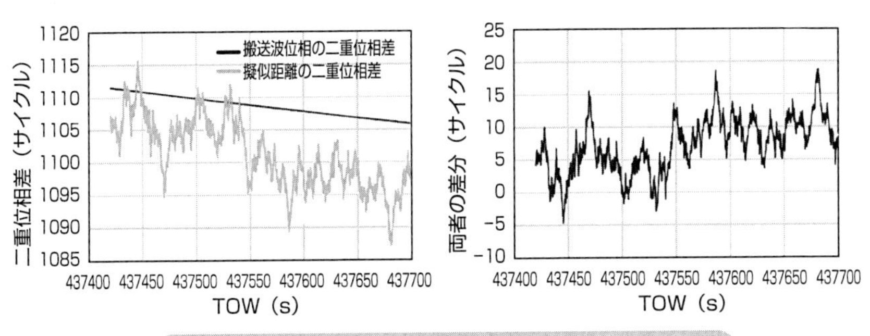

搬送波位相と擬似距離の二重位相差と両者の差分

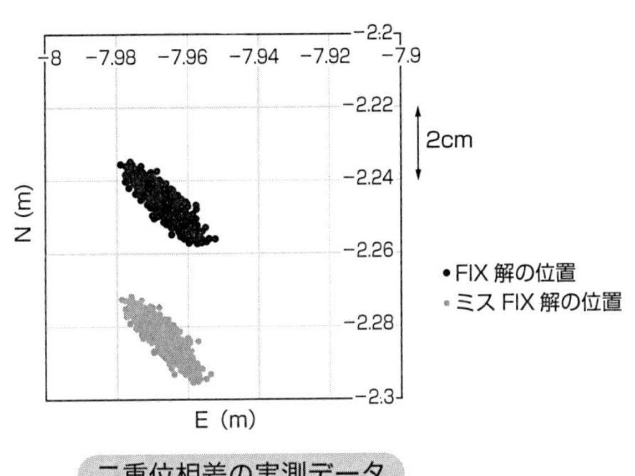

二重位相差の実測データ

このオープンスカイのデータでは、実際には12から13機の衛星の二重位相差を利用して、1時刻の観測データ（1周波）で正しいアンビギュイティを求めています。正しいアンビギュイティを求めて計算した正しいFIX解の位置を黒色のプロットで図に示しました。一方、さきほどの16番に対する26番衛星のアンビギュイティを正しい8ではなく7にしたときの結果もあわせて示しました。このような解をミスFIX解といいます。わずか4～5 cmですが、水平方向の位置が異なることがわかります。正しいアンビギュイティを解くことで、1 cm以内の絶対精度を出せることがわかります。一方、1組の二重位相差のサイクルを1ずらすだけで、このように水平方向で数cmずれた結果になることがわかりました。

50 あいまいさを決定しないFLOAT解

あいまいさを決定しなくても精度が高められます

FLOAT解という言葉が、衛星測位では頻繁にでてきます。FLOATには「浮かぶ」などの意味があります。衛星測位では、搬送波位相のあいまいさを決定せずに、位置解を出すという意味です。また時間をかけてできるだけ正しいアンビギュイティに近づけるという意味もあるようです。あいまいさを決定せずに位置解を出すという点では、DGNSSもFLOAT解の一部になるかもしれませんが、厳密にはDGNSSは搬送波位相の観測値を利用しなくても位置解を出せますので、切り分けたほうがよいと思います。

FLOAT解を出す1つの手法について静止データで説明します。二重位相差は基準となる仰角の高い衛星とターゲット衛星、そして基準局とユーザ局の受信機同士で観測値を生成するものでした。もし搬送波位相を利用しないと、擬似距離の二重位相差を3つ準備できれば（必要な衛星は4つです）、未知である3次元の*dx*、*dy*、*dz*の基線ベクトルを算出できます。では、より精度の高い搬送波位相を積極的に用いて位置を算出してみましょう。4つの衛星がサイクルスリップ（p.112）などなく継続して受信できているとすると、表のような未知数と観測データの関係になります。最初の時刻では、3次元の基線ベクトルと搬送波位相のアンビギュイティ3で合計6つの未知数ですが、静止データでサイクルスリップがないと、時間が経過しても未知数は6つのままです。一方、時間経過とともに、観測方程式は増えていきます

	搬送波位相の二重位相差の数	未知数	方程式の数
t=0	3	6	3
t=1	3	6	6
t=2	3	6	9

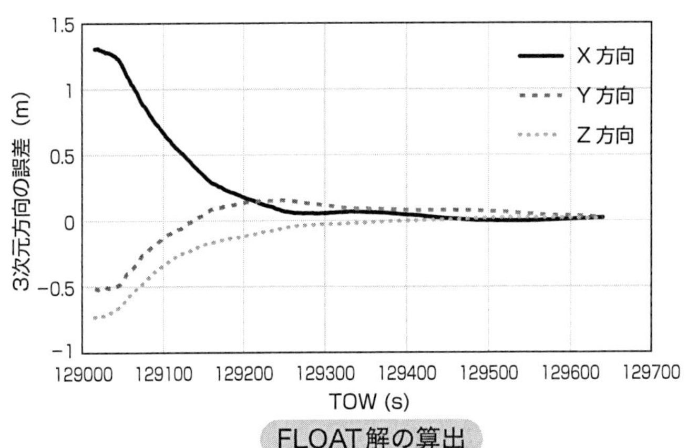

FLOAT解の算出

ので、方程式の数が未知数を上回り、搬送波位相を利用した位置解を算出することができます。実際には最初の3次元の基線ベクトルとアンビギュイティの初期値は擬似距離情報から与えるものとして、それら初期値を複数エポックの観測データを用い、最小二乗法やカルマンフィルタといった手法を用いて、より正しい位置に収束させていきます。カルマンフィルタは逐次最小二乗法とも呼ばれ、観測データを観測時刻ごとに処理し、逐次的に推定値を求めます。連続した観測データがある場合、逐次的に処理できるため、観測データを一括して解く最小二乗法よりカルマンフィルタのほうが向いているといえます。

実際に10機の衛星を用いて静止データでFLOAT解を算出したときの結果を図に示しました。最初の精度は擬似距離のDGNSS相当ですが、300秒くらい経過すると10 cm以内に入り、600秒後にはX、Y、Z軸方向すべて2 cm程度の誤差に収束していました。これは典型的なFLOAT解の結果です。移動体の場合、3次元の基線ベクトルが毎エポック変わりますので、未知数が3つずつ増加しますが、利用できる衛星数が多いと方程式の数のほう多くなることがわかりますね。サイクルスリップの判定や衛星の増減の対応が必要ですが、移動体でもより精度の高いFLOAT解を出すことは可能です。

51 サイクルスリップ

搬送波位相が障害物で途切れるとやっかいです

サイクルスリップとは、搬送波位相を利用した測位にとってやっかいなものです。受信機内の搬送波位相を追尾する部分では、ユーザのアンテナから衛星が障害物なく直接見えている状態で、360度のうち±15度程度のノイズレベルで追尾しています。ところが、対象となる衛星とアンテナ間の直線上に障害物があると、連続して受信している搬送波位相の追尾が途切れます。ノイズレベルで45度程度以上ずれると、位相を連続して追尾できなくなります。この現象をサイクルスリップと呼んでいます。一方、これまでに学んできた擬似距離は、コードの相関処理によって伝搬時間を測定していました。この場合は、雑音に対する信号レベルさえ一定値以上確保できれば距離情報を取り出すことができます。搬送波位相追尾と異なり、視線方向に直接衛星が見えない場合でも、電波が回折によって受信できるときがあります。

大学構内を車両で移動したデータで、ある衛星にサイクルスリップが起きたときの搬送波位相の時系列の観測値（5 Hz）を図に示しました。これだけだとわかりにくいため、搬送波位相の0.2秒前後での差分値も合わせて示しました。サイクルスリップが起きた時間は、差分値に少し飛びが見られる両矢印の時間帯です。このとき、アンビギュイティ決定に利用できないことを示すフラグが、受信機の搬送波位相観測値に付加されていました。

このように、サイクルスリップが問題となるのは、アンテナと衛星間の直線上に障害物が多くあるような都市部の環境といえます。大学周辺において実際にRTKを行い、FIX解を得ることができた位置をプロットしたものを図に示しました。原点は研究室屋上の基準局です。道路は2〜3車線で比較的広いですが、周囲は中層ビル街だけでなく高層ビル街も多く存在しています。RTKのFIX解が得られなかった箇所は大きく7箇所あり、高層ビルに

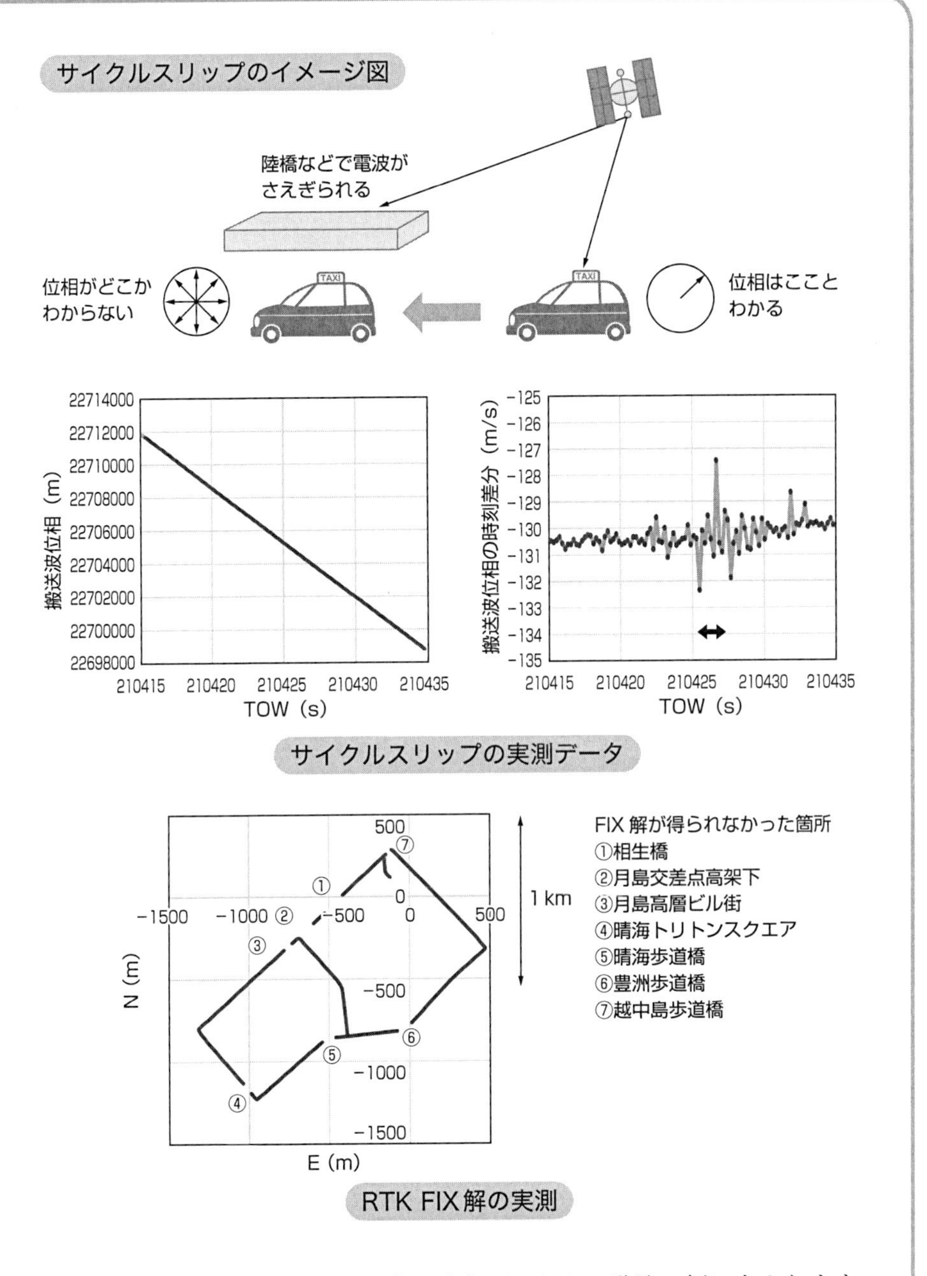

挟まれた1箇所（③）を除いて全て高架下でした。道路の幅にもよりますが、都市部でも、高架下以外ではRTKが可能であることを意味しています。

ネットワーク型RTK方式

複数の基準局を使うと効率的です

RTK測位は、基線長が10～20 km以上になると、アンビギュイティ決定が困難になり、精度が劣化するという課題がありました。これを克服するために、30～50 km程度離れた基準局を複数利用して、ユーザに適した補正データを提供します。ユーザの位置がわからないとその付近での電離層などの状態がわかりませんので、ユーザは自身の位置を定期的に知らせる必要があります。このようにユーザを囲むような複数基準局を利用したRTKの方法をネットワーク型RTKと呼びます。日本の場合、これら基準局は国土地理院の電子基準点になり、サービスプロバイダーである企業が運用しています。

通常のRTKでは電離層や対流圏誤差の影響が小さいと仮定して考慮せずに計算していますが、ネットワーク型RTKでは、これら大気圏誤差を考慮しています。例として電離層による影響について、3つのアンテナを用いて図に示しました。天頂方向に衛星があると仮定して、20 kmずつ離れた場所のアンテナでは、10 kmで天頂方向1 cmの空間依存の誤差が電離層により生じると仮定すると、それぞれ2 cm、4 cmの差が生じます。同一時刻、同一衛星を用いてもこれら誤差は無視できないレベルです。仰角による傾斜係数が掛かることで、さらに大きな誤差になり、アンビギュイティ決定に大きな影響があります。この影響を低減するために、図のようにユーザを囲む3つの基準局における電離層遅延量などの大気圏誤差を正確に求め（このとき

補正データ方式	概要
仮想点方式	仮想点の大気圏を考慮した観測データを複数基準局の観測データから内挿により計算し、放送する方式
面補正方式	複数基準局の観測データから電離層や対流圏の面的な補正パラメータを生成し、そのパラメータを放送する方式

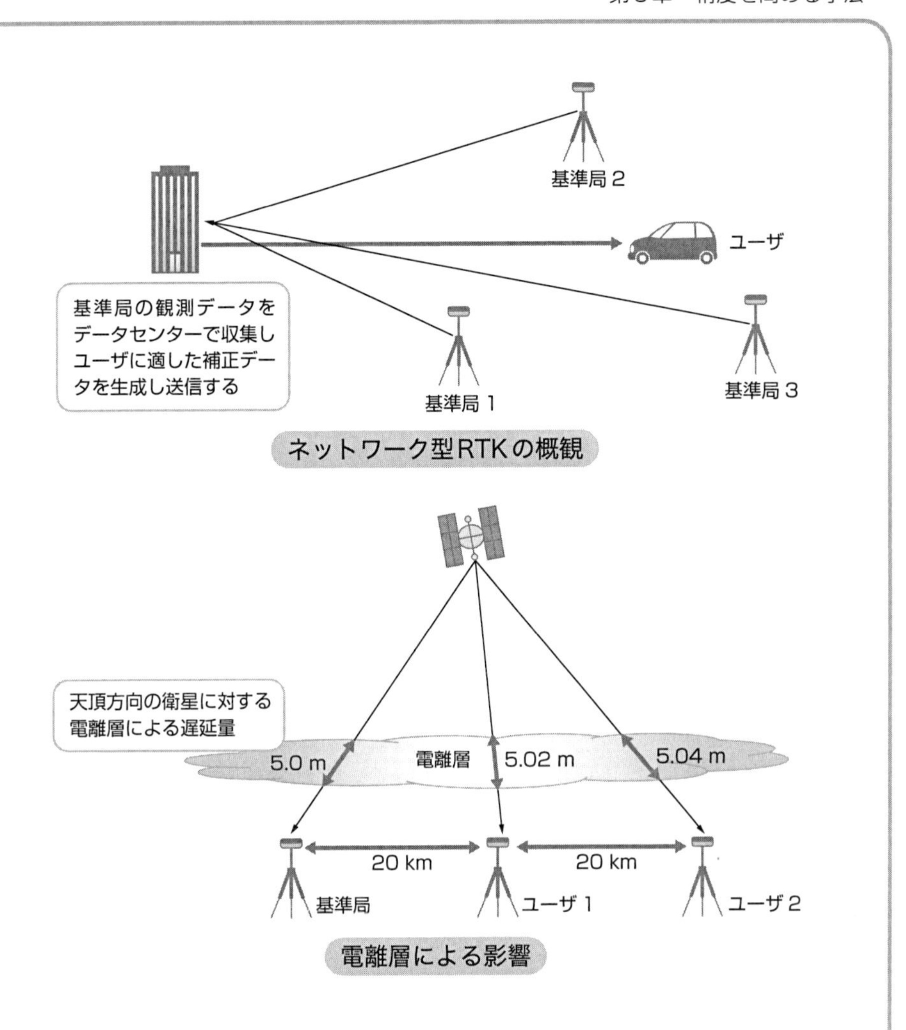

ネットワーク型RTKの概観

電離層による影響

基準局の精密位値は既知です)、ユーザの位置で内挿して補正値を計算します。ここでは、電離層の誤差が場所によって線形に変化することを前提としています。よって、基準局の間隔が50 km程度の場合、その基線間の内側で上下に変動するような誤差を完全に低減することはできません。

現在日本で利用できるネットワーク型RTKには、表に示したように補正データの内容によって2つ、仮想点方式と面補正方式があります。なお、ネットワーク型RTKを用いずに、単一基線のRTKでも基線長を50 km以上に伸ばすことのできる市販受信機が、この数年で現れてきています。

53 PPP方式

数cmくらいの精度です

PPP方式は、Precise Point Positioningと呼ばれ、RTKと違い近接の基準局のデータを利用せずに、搬送波位相で数cmの精度を達成する方式です。二重位相差などを利用せず、衛星の精密暦（軌道・時計）が与えられるものとして、2周波で電離層遅延量の影響のない観測値をつくりだして測位を行います。推定する対象は、受信機のアンテナ位置、受信機の時計誤差、対流圏遅延量となります。また、RTKでは影響がないものと仮定していた、衛星・受信機のアンテナ位相中心補正（衛星測位で測る位置はアンテナの幾何構造上のどこにあるか規定されています）、相対論効果、地球潮汐そして位相のWind-Up効果（測位衛星から右旋円偏波で送信されるため、衛星が送信アンテナまわりに回転すると、搬送波位相は影響を受けます）などを考慮する必要があります。相対測位では基準局とユーザ局のベクトルを求めるため、衛星間の差分で消去され問題になりませんが、PPP方式では個別に対応する必要があります。PPPでは近接の基準局を利用しませんが、cmレベルの衛星の精密位置や精密時計をリアルタイムで提供する必要があります。通常、測位衛星を運用するためのモニター局の仕事とは別と考えます。そのた

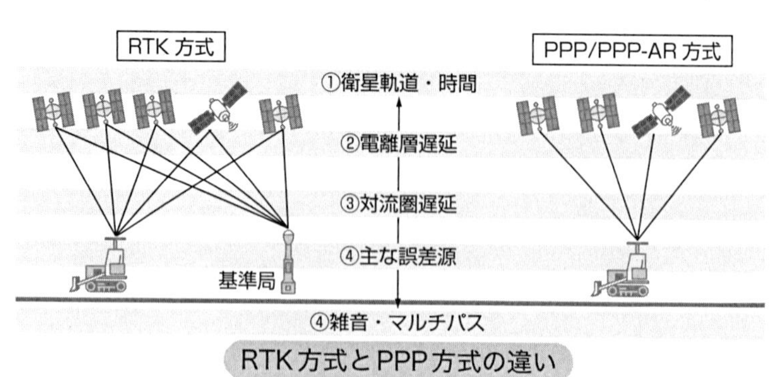

RTK方式とPPP方式の違い

オープンスカイ想定	RTK	PPP/PPP-AR
近接基準局の必要性	あり	なし
補正データの受信	必要	必要（衛星経由が多い）
精度	通常1cm以内	数cm/1cm（ARあり）
収束に要する時間	瞬時	10～20分（受信機依存）

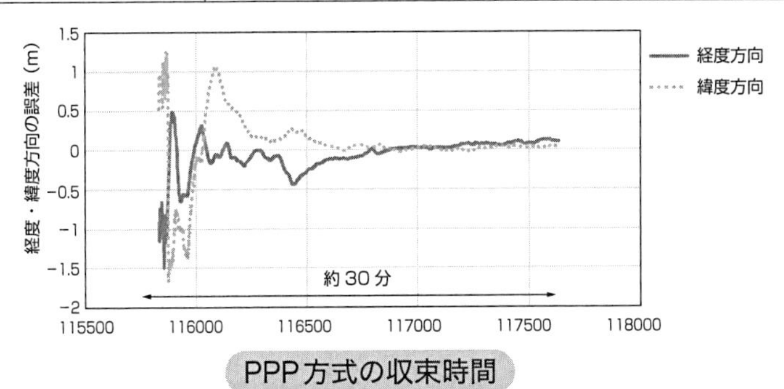

PPP方式の収束時間

め、各国の測位衛星の精密暦をリアルタイムで推定するために、大陸をまたがる広域に数十の基準局が必要となります。それら基準局で取得した観測データを元に、衛星の精密暦を推定し提供します。現在は衛星を介した提供方法が多く、もちろんインターネット経由でも可能です。PPPの利点は、衛星の精密暦などのわずかなデータを放送するだけで、世界のどこでもcm級の測位が可能な点です。受信機側のソフトの比重が大きくなりますが、近接基準局が必要ないという点で非常に魅力的です。

一方、欠点もあります。それはcm級の精度を達成するまでに10～20分程度の時間を要することです。PPPでは、電離層の影響をなくすために、2周波の線形結合した観測データの利用が一般的で、擬似距離と搬送波位相の双方でその観測データを生成し、搬送波位相で擬似距離のノイズを低減していくために、時間を要します。そのため、常にオープンスカイで測位するのであれば問題ないですが、障害物などにより、搬送波位相のサイクルスリップなどがあるたびに、収束に時間を要することになります。この課題を克服するための研究開発がさかんに行われています。

PPPには、搬送波位相のアンビギュイティまで決定する手法も実現しており、それはPPP-ARと呼ばれています。

54 SBAS

衛星経由で補正データを放送します

SBASとはSatellite Based Augmentation Systemのことで、広域用のディファレンシャル補正データを静止衛星経由で放送しています。現在、北米・欧州・日本が正式にサービスしています。最近ではインドのGAGANもこの機能を有しています。SBASは位置精度を高める補正データの側面と、もう1つ、航空用のインテグリティ情報（測位衛星より放送されている情報が完全であるかどうか）を担保する役割があります。現在、民間航空機は洋上で衛星測位による位置情報を利用しており、衛星測位のサービス範囲が、洋上だけでなく着陸フェーズまでカバーするようになってきています。GPSのみが利用対象ですが、近い将来には複数の衛星測位システムが利用できるようになります。SBAS補正データには、どのGPS衛星が信頼できるかなどのインテグリティ情報が付加されており、航空のような安全面が強く問われるシステムには非常に重要です。航空管制用では、万が一衛星システム側に問題があるとき、そのデータが信頼できないことを、規定の時間以内に通告することが重要です。高い信頼性をもつため、航空以外に船舶でも広く利用されています。

日本のSBASはMSAS（MTSAT Satellite-based Augmentation System）と呼ばれ、MTSAT（Multi-functional Transport Satellite）という静止衛星2機で運用されています。日本語で運輸多目的衛星と呼ばれ、上記の測位補強機能だけでなく、「ひまわり」としても知られる衛星です。なお米国のWAASや欧州のEGNOSはインマルサット静止衛星を利用しています。MSASの概要を図に示しました。MSASのサービス範囲は日本周辺に限られており、基準局の数も少ないことがわかります。よって、電離層などの補正データを生成するには限界があり、電離層の活動が比較的活発な日本の九

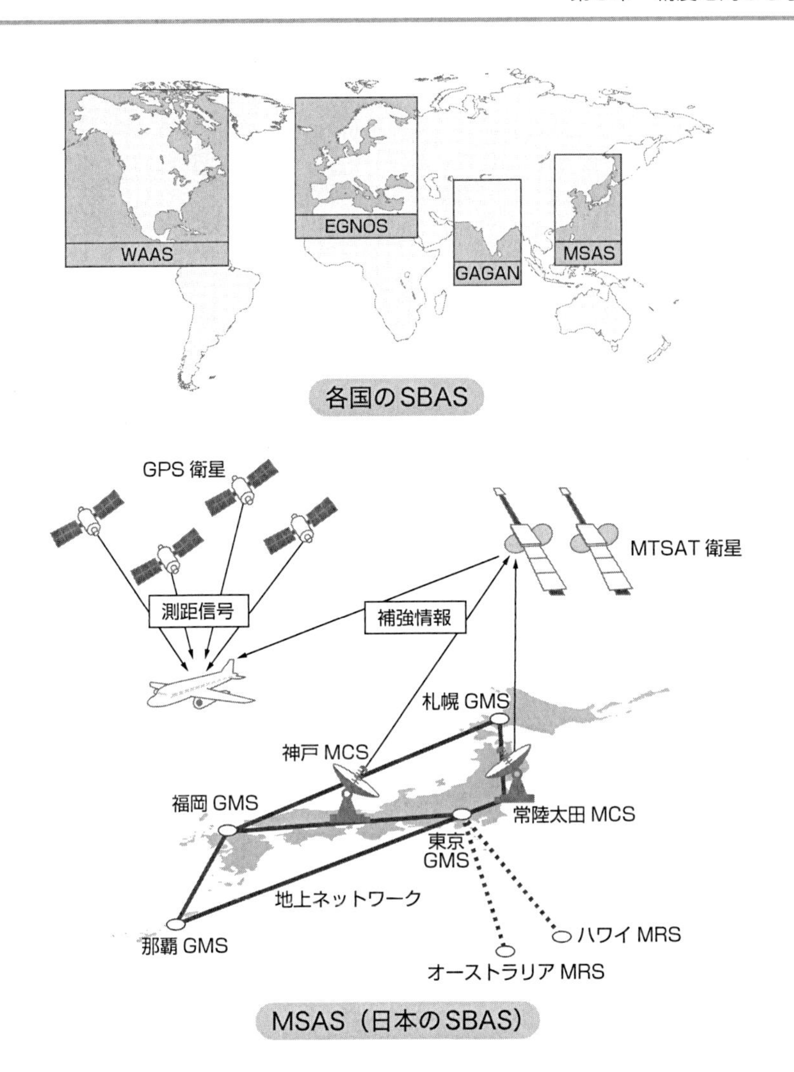

各国のSBAS

MSAS（日本のSBAS）

州地方やその南方では、通常の近接ディファレンシャルの精度（水平で1m以内）は期待できません。ただSBASで最も重要な機能は前述のインテグリティ情報で、これをリアルタイムで提供することが重要な役割です。

SBASの将来ですが、GPSだけでなく複数の衛星測位システムが追加され、さらに受信機は2周波が利用されるでしょう。そうなると、衛星の暦と時計の補正データとインテグリティ情報などが放送され、受信機が2周波になるので、補正後の測位精度は現在よりも確実に改善されます。

ドップラ周波数による速度情報

位置と速度情報を融合して精度を高めます

ドップラ周波数による3次元の速度ベクトル推定精度は1～2 cm/sであることをすでに学びました。搬送波位相はドップラ周波数の積分値ですので(搬送波位相は、衛星と受信機間の初期位相差と相対運動による変動量分をエポックごとに測定するという意味で、エポックごとのドップラ周波数の和となります。例えば相対運動が0のときは、搬送波位相は変化せず、ドップラ周波数は0です)、搬送波位相が受信機内部の追尾ループで追尾されている限り、ドップラ周波数の精度が高いことは容易に想像できます。搬送波位相が十分な衛星数について追尾されていて、RTK測位が十分な利便性で提供できていれば問題ないのですが、通常の都市部では、サイクルスリップも多発し、受信できる衛星数が限られます。RTKまでできなくとも、1 m程度の精度を連続して提供することも重要です。利用するアプリケーション次第といえます。もう1つ重要なポイントは、擬似距離と比較して搬送波位相やドップラ周波数はマルチパスの影響をほとんど受けないことです。

そこで、擬似距離の搬送波位相によるスムージングではなく、擬似距離ベースの絶対位置測位結果とドップラ周波数から求めた速度をカルマンフィルタでカップリングするとどうなるかみてみましょう。東京海洋大学周辺の都市部でのデータを利用した結果を示します。最初に擬似距離ベースのDGNSSの水平誤差結果を示しました。移動体の精度評価をするためには、基準となる精密位置が必要ですので、後処理用の測量受信機、高精度ジャイロそしてスピードセンサを搭載し、専用ソフトで数cmレベルの軌跡を準備します。DGNSSの結果を見ると、通常の都市部でも非常に大きなマルチパス誤差の影響があることがわかります。水平で50 mを超える飛びが多数みられました。その横にドップラ周波数由来の速度を積分した位置誤差を示し

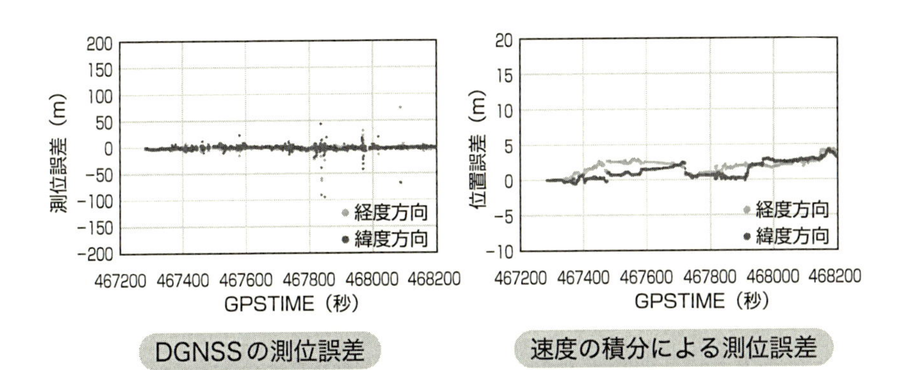

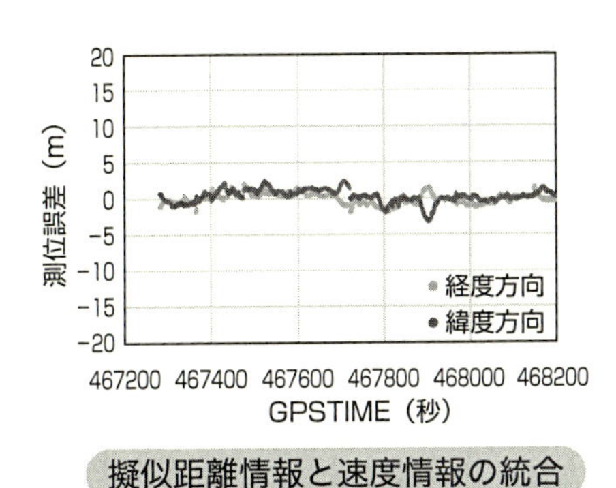

ました。最初の位置のみ正しい位置を与えて、あとは速度ベクトルを積分しているだけです。明らかに精度が異なり、約15分経過した後でも経度、緯度方向ともに5ｍ以内です。

この結果より、絶対位置を与えてくれる擬似距離の測位結果とドップラ周波数による速度情報をうまく統合することで、都市部でも1〜2ｍの精度が得られそうです。この統合において、速度情報をより信頼する重みづけにすることが大事であるといえます。実際に擬似距離情報を2ｍ、速度情報を5cm/sとして統合した結果を図に示しました。統合手法は、シンプルな水平方向成分のカルマンフィルタによるカップリングです。統合の結果をみると、最大誤差は3ｍ程度に低減されており、水平絶対誤差が2ｍ以内となる割合が90％を超えていました。

それぞれの測位方式の特徴

強みと弱みをおさらいしましょう

測位精度を向上させるための手法について、いくつかみてきました。ここでは各種方式の特徴についてまとめます。方式を問わず、衛星測位の弱点は周囲の電波環境によって測位精度が大きく変化することです。ここでは図のようにGNSSにとっての環境を4つに分けました。オープンスカイでは、各種方式の最高の性能を出せるといえますが、高い木の並んだ道路や住宅街では、低い仰角の衛星が遮蔽されます。都市部ではビルの高さや道路の幅にもよりますが、どうしても衛星数が限られ、マルチパスの影響を避けることができません。トンネルや屋内にいたっては、方式以前の問題で測位ができません。

衛星測位の特徴を示す上で重要なポイントは2つあります。利便性（24時間のうちどのくらい利用できるか）と精度です。十分な衛星数を確保できないと、必ず他のセンサとの補完が必要になりますが、ここでは衛星測位のみについてまとめます。環境のうちトンネルや屋内についてはもともと測位できませんので省略します。また都市部については、高層ビル街と中低層ビル街でも大きく性能が変化しますので、都市部を2つに分けました。なお受信機はマルチGNSS対応で2周波受信ができ、プラットフォームは自動車、そして道路は都市部で2車線以上を想定しています。またRTKとDGNSSにつ

オープンスカイ

住宅街

都市部

トンネル

測位の環境

	単独測位	DGNSS	RTK	PPP
オープンスカイ	数m未満	1m未満	1cm	10cm未満
	100%	100%	100%	99%
住宅街	数m〜10m	1m〜数m	1cm	10cm未満
	100%	100%	90〜100%	90〜99%
中低層ビル街	数m〜10m超	1m〜10m超	数cm	10cm〜1m
	100%	100%	80〜90%	80〜90%
高層ビル街	数m〜100m超	数m〜100m超	数cm〜10cm	?
	80〜100%	80〜100%	50〜70%	?

いては、基準局が10〜20km以内にあることを仮定しています。

表を見ながら説明します。PPPについては、最初の収束時間を15分と想定し、24時間で最大99%の利便性としました。オープンスカイでは、各種方式それぞれ、最大の性能がでています。**一般に議論されるときの性能はこのオープンスカイでの値が多いことに注意してください。**

住宅街では、障害物で少し遮蔽があり、マルチパス波を受信するケースもでてきますが、搬送波位相を観測値とするRTKやPPPはあまり影響を受けないと考えられます。

中低層ビル街で少し様子が変わってきます。単独測位とDGNSSの違いが小さくなり、マルチパスによる誤差が支配的になってきます。ただし、電離層の活発な日本の南方地域ですと、DGNSSの効果がみられると考えます。RTKは中低層ビル街でも精度はあまり劣化せず、利便性も予想できます。これは高架下や陸橋などが存在しても、数秒以内に信頼できるFIX解を出力できるためです。PPPは中低層ビル街になると、高架下を通った後など、収束時間を要するため、どうしても精度が10cm未満を担保できなくなります。

最後の高層ビル街ですが、単独測位、DGNSSともにマルチパス誤差が支配的になります。RTKもやや雑音が大きくなりますが、利便性はある程度予想できます。PPPは、遮蔽の繰り返しで本来の精度がでないため想定困難としました。

COLUMN

1つの周波数と複数周波数

現在、複数の衛星測位システム、例えばGPS、「みちびき」とBeiDouの周波数を1つずつ利用する際、GPS、「みちびき」、は同じ中心周波数の信号（L1信号）ですが、BeiDou（B1信号）は少しずれた周波数となっています。このようなケースでも1つの周波数と呼びます。一方、複数周波数とは、同じGPSでもL1信号とL2信号があるように、2つ以上の周波数を利用する場合、複数周波数と呼びます。複数周波数を利用できる利点は大きく2つあり、1つは電離層遅延量を正確に推定できる点で、もう1つはRTKなどでアンビギュイティが解きやすくなる点です。2つ目について、例えばGPSのL1、L2信号の2つの観測値から、L1–L2という仮想観測値を生成します。単純な引き算です。これをワイドレーンと呼びます。何がワイドなのかというと、波長です。1575.42 MHzのL1信号から1227.6 MHzのL2信号を引くと、347.82 MHzの仮想信号ができ、約86 cmの波長となり、L1やL2個々の波長よりも長くなるのです。下図を見るとわかるように、ワイドレーンのほうが、探索数が大幅に減り正解を求めやすくなります。

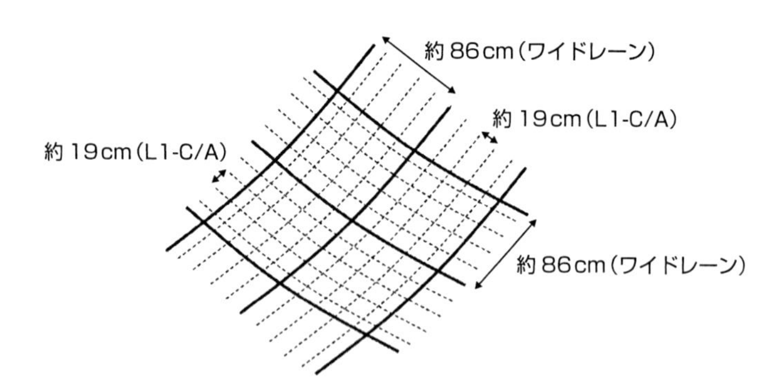

第7章

日本の準天頂衛星「みちびき」

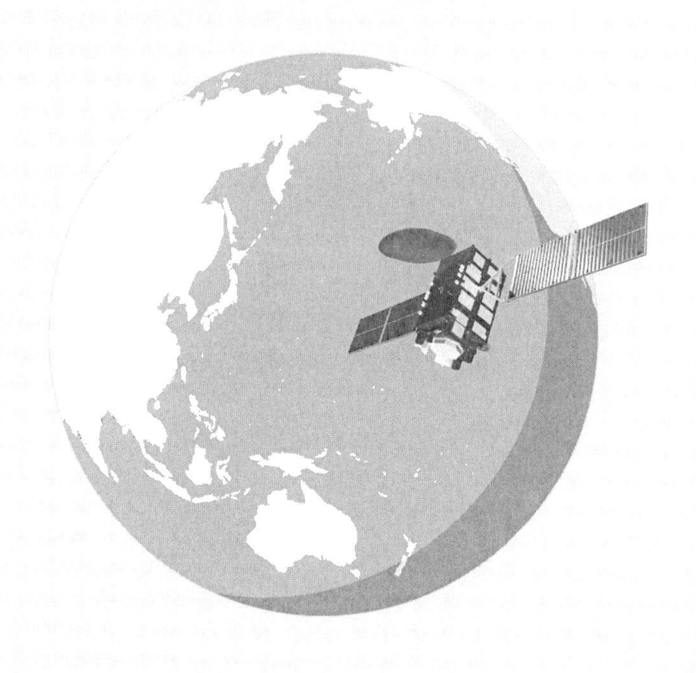

出典：qzss.go.jp

57 準天頂衛星

「みちびき」と呼ばれる日本の測位衛星です

「みちびき」は日本の国産の測位衛星です。「みちびき」(2・4号機) のイメージ図を示しました。2010年の9月11日にJAXA (宇宙航空研究開発機構) 主導の元で開発された初号機が打ち上げられ、その翌月の10月末頃に研究室のソフトウェアGNSS受信機で、「みちびき」PRN193のL1-C/Aコードの信号を追尾できたことを鮮明に覚えています。またその年の12月には試験的に航法メッセージも放送されており、その航法メッセージから「みちびき」の衛星位置を計算し単独測位したところ、問題なく正しい結果が得られたことも覚えています。そのときの水平方向の10分程度の測位結果を図に示しました。アンテナの場所は研究室屋上で、2010年12月3日の午前10時30分頃です。もちろん「みちびき」1機では測位ができないため、GPSと「みちびき」を両方利用した測位演算でした。

このように一般の研究者がソフトウェアの改修をほとんどせず、特に支障なく異なる国の測位衛星を混ぜて利用できた理由は、「みちびき」がGPS互換の信号を送信してくれたためです。L1-C/Aコードは番号さえわかればすぐに生成できますし、「みちびき」から放送されるエフェメリスの形式や計算方法もGPSと同じでした。また、重要な衛星側の時計も、GPS時刻に準拠する形で放送されていたため、異なる国の測位衛星ですが、あたかもGPS

都市	札幌	仙台	東京	名古屋	大阪	福岡	沖縄
平均可視衛星数 (4機体制)	3.3	3.5	3.6	3.6	3.6	3.6	4.0
平均可視衛星数 (7機体制)	6.1	6.3	6.4	6.5	6.5	6.5	7.0

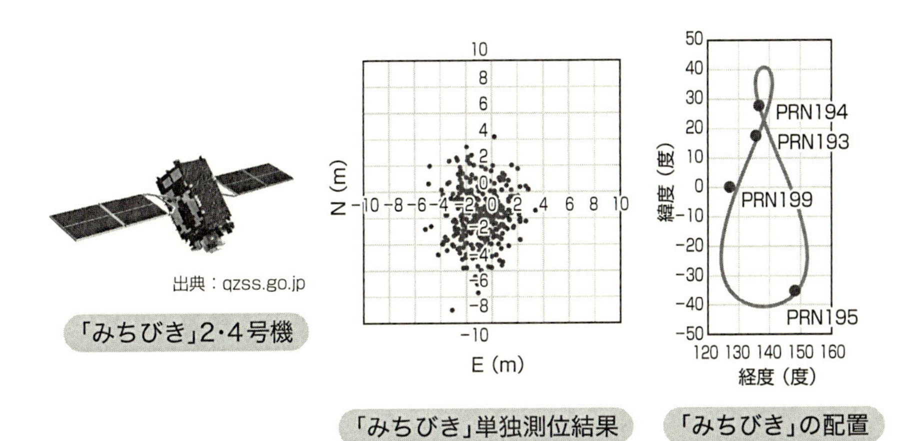

「みちびき」2・4号機

「みちびき」単独測位結果

「みちびき」の配置

の1つの衛星としてそのまま計算できました。米国のGPSは、当時世界の先頭を走っており、ユーザへの広がりという意味で間違いなく優位でしたので、GPS互換にする点はユーザにとってよかったと考えます。

2017年の6月、8月、10月と立て続けに2号機から4号機が無事に打ち上げられ、2017年12月現在4機体制となっています。2号機と4号機は初号機と同じ準天頂軌道で、3号機は初の静止軌道での測位衛星となりました。現在の4機体制の「みちびき」の配置を図に示しました。これは衛星と地球中心を結んだ線が、地表面のどこを通るかを示した概略図です。193番、194番、195番は準天頂軌道で、199番は静止衛星です。

今後2023年をめどに、7機体制になることも決定しています。7機体制になると、「みちびき」単独で日本中どこでも測位が可能となります。まだシミュレーションの段階ですが、7機体制時の各都市での平均可視衛星数を表に示しました（残り3機のうち1機を準天頂軌道上、2機を静止衛星とし東経107度、157度としています）。合わせて現在の4機体制での平均可視衛星数も示しています。仰角のマスク角は10度です（仰角が10度以上あれば見えるとします）。現在の4機体制では、24時間継続して準天頂衛星単独での測位は困難ですが、7機体制になると全国で24時間継続して測位が可能となります。

58 「みちびき」の信号

GPSと似ていますが固有の信号もあります

「みちびき」の信号一覧を表に示しました。内閣府の「みちびき」のWEBサイトに記載されています。「みちびき」の信号にはGPSと互換性のあるものと独自のものが存在します。

L1-C/A、L1C、L2C、L5の衛星測位サービスはGPSと全く同じです。L1Cについては、GPSの近代化を先取りして放送されており、GPS Ⅲがまだ正式に運用開始されていないため、唯一のL1C信号です。

「みちびき」は初号機、2～4号機のうち準天頂軌道が3機あり、1機は静止軌道です。それぞれの信号の配信サービスと中心周波数を示しています。配信サービスは、L1S、L1Sb、L5S、L6、Sバンドから放送されています。初号機にはなかった新しいサービスや、静止軌道と準天頂軌道でサービスを分けているものもあります。災害・危機管理通報サービスや衛星安否確認サービスは、地上のインフラが行き届かない場所や、災害時に地上インフラが一部利用できないときでも利用できる衛星特有の重要なサービスといえます。

L1Sのサブメータ級測位補強サービスやL6のセンチメータ級測位補強サービスも、他国の測位衛星と比較して、さきがけて放送しています。現在はMTSAT衛星から放送されている航空分野に重要なSBASサービスは、静止衛星から2020年頃に継続して放送される予定です。また、L5Sの測位技術実証サービスの中でも、次期SBASの試験データが放送されています。

「みちびき」だけでなくGPSにも関連する信号の話を少しします。これまで、2周波受信機というとL1-C/AとL2P信号が主として利用されてきました。L2P信号はもともと軍用コードのため、一般の受信機メーカには使いづらいものでした。しかし、GPSや「みちびき」から民生用のL2C信号が放

信号名称	初号機	2～4号機		配信サービス	中心周波数
	ブロックIQ	ブロックIIQ	ブロックIIG		
	準天頂軌道	準天頂軌道	静止軌道		
	1機	2機	1機		
L1-C/A	○	○	○	衛星測位サービス	1575.42 MHz
L1C	○	○	○	衛星測位サービス	
L1S	○	○	○	サブメータ級測位補強サービス	
				災害・危機管理通報サービス	
L1Sb	–	–	○ 2020年頃配信予定	SBAS配信サービス	
L2C	○	○	○	衛星測位サービス	1227.60 MHz
L5	○	○	○	衛星測位サービス	1176.45 MHz
L5S	–	○	○	測位技術実証サービス	
L6	○	○	○	センチメータ級測位補強サービス	1278.75 MHz
Sバンド	–	–	○	衛星安否確認サービス	2GHz帯

送されるようになり、さらにL5信号も放送されています。L5信号はGalileo衛星のE5aと同じ周波数になります。RTKやPPPの方式は、2周波信号を利用できたほうが性能がよいので、これまで研究開発や測量などで利用されていた2周波受信が、今後はコンシューマ向けの受信機で採用される可能性が高いです。そのときにL1-C/AとL2CなのかL1-C/AとL5なのかという議論はありますが、民生用で十分な衛星数が利用できると考えます。現在、L2Cを放送している衛星がGPSと「みちびき」を合わせて23機で、L5を放送している衛星はGPSと「みちびき」とGalileoを合わせて31機となります（「みちびき」は4機としてカウントしています）。

59 「みちびき」の軌道

他の衛星測位システムとくらべてユニークです

「みちびき」の軌道は世界的にみてもユニークで、その発想は1990年代には日本で構想されていたと聞いています。準天頂衛星という名称を発案したNICT（情報通信研究機構）の研究者らは、2013年に宇宙開発利用大賞を受賞しています。当初は8の字衛星とも呼ばれていたようです。軌道のイメージ図を示しました。左の軌道をみるとわかるように、通常の静止衛星は赤道上空に滞在しながら地球の自転と同じ周期で動いています。準天頂衛星は静止衛星の高度で軌道傾斜角をもつ軌道になります。こうすることで、地球の自転と同じ周期で周回しながら、緯度方向に動くことになります。この例はちょうど日本上空で長く滞在するような軌道です。逆に南方のオーストラリア付近は比較的速く移動します。実は中国のBeiDou衛星も8の字軌道の衛星が複数あるのですが、BeiDou衛星の仕様が正式にオープンになったのは2012年12月でしたので、2010年に打ち上げられ、すぐに信号をオープンにした「みちびき」が、測位衛星としては一足先に世界で広く知られるようになりました。

準天頂軌道の最大の特徴は、我々の頭上に衛星が長く滞在することです。衛星からの通信や測位衛星として考えたときに、頭上から信号が放送されるメリットは非常に大きく、屋外で直接衛星への見通しがあることは極めて重要です。例えば、衛星測位において、都市部のビル街におけるマルチパス誤差は大きな課題です。準天頂衛星の場合、仰角が70～80度を超える時間が長いですので、高層ビル街でも問題なく信号を受信できます。これは、GPSや他の衛星測位システムとの補完の観点だけでなく、補正データを放送する意味においても、極めて重要です。補正データを受信する際の遅延時間も問題になるからです。

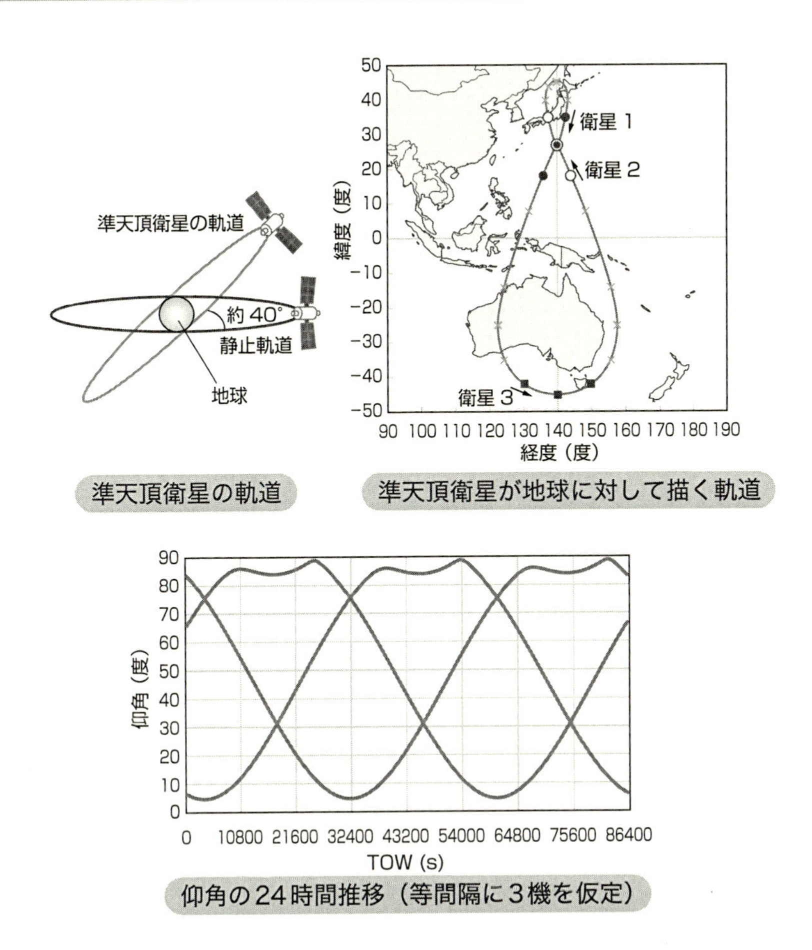

準天頂衛星の軌道

準天頂衛星が地球に対して描く軌道

仰角の24時間推移（等間隔に3機を仮定）

図に準天頂軌道に等間隔に3機あると仮定したケースでの仰角の24時間推移を示しました。1機は現在の193番の軌道情報を用いており、残りの2機は軌道が3等分されるように配置しました。仰角で約75度以上の準天頂衛星が必ず1機は存在することがわかります。また日本に限らず東アジア諸国・豪州においても広く信号が受信できるため、補完効果が期待され、補正データの補強サービスを配信することもできます。センチメータ級の補強サービスは、ローカルな基準局が必要な方式と必要でない方式の両方を、国ごとに選択することも可能です。いずれにしても、日本国内での実績を積み、検証しながらノウハウを蓄積することが大事と考えられます。

60 測位補完としての機能

利用できる衛星の数をふやします

測位補完とは、他の衛星測位システムに、「みちびき」が付加されることで、利用できる衛星が増加し、利便性が増すことを指しています。実際に実験を行った結果がありますので、それらと一緒に紹介します。天頂方向の魚眼カメラによる全天の写真に測位衛星の位置を重ねた2つの図をみてください。左がGPSのみで、右が現在利用できる全ての測位衛星のケースです。これは大学構内のビルの間ですが、GPSのみでは3機しか見えないため測位ができません。J01で示される「みちびき」をはじめとする他の測位衛星を付加することで、ようやく測位が成り立つようになります。これがまさに補完効果です。日本上空の場合、他の測位衛星と比較して「みちびき」が高仰角に長く滞在するため、この効果が極めて大きいことがよくわかります。

次に、大学構内の道路を車両で低速で走行したときに、GPSと「みちびき」と中国のBeiDou衛星を利用してRTKを実施しました。そのときの結果をGPS+BeiDouとGPS + BeiDou +「みちびき」で比較しました。このとき、「みちびき」の193番衛星と194番衛星が2つとも仰角60度以上にありました。左が「みちびき」をあえてはずした結果で、右が「みちびき」を入れた結果です。「みちびき」2機を追加するだけで、RTKの利便性で20%以上の向上がみられました。この実験では、「みちびき」2機が比較的高い仰角にある時間帯を選びましたが、2018年頃より4機体制が正式に運用開始されると、どの時間帯でもこのような効果をみることができます。このとき仰角15度以上にGPSが7機、BeiDouが9機あり、トータル18機でした。しかしながら、大学構内の低層の建物付近の環境においても、仰角が30度ひいては45度付近でも役に立たなくなる衛星があり、一方で60度から70度以上に長く滞在する「みちびき」は極めて有効で、同じ測位衛星の中でも存在の重

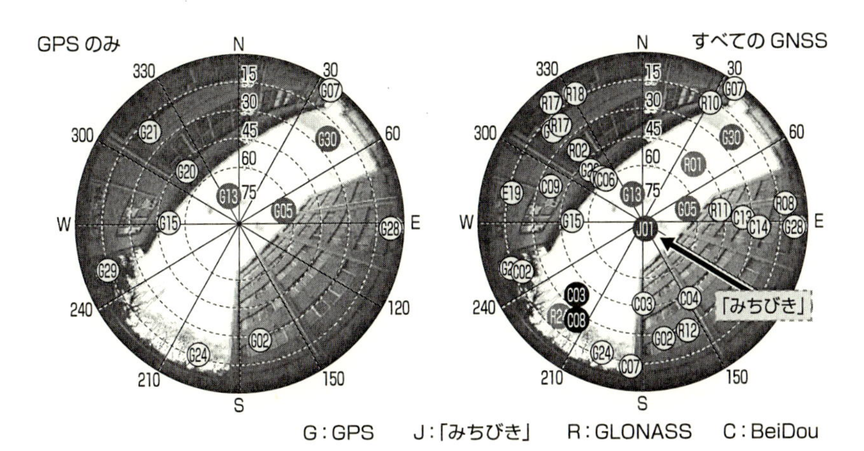

魚眼カメラによる全天写真と衛星配置

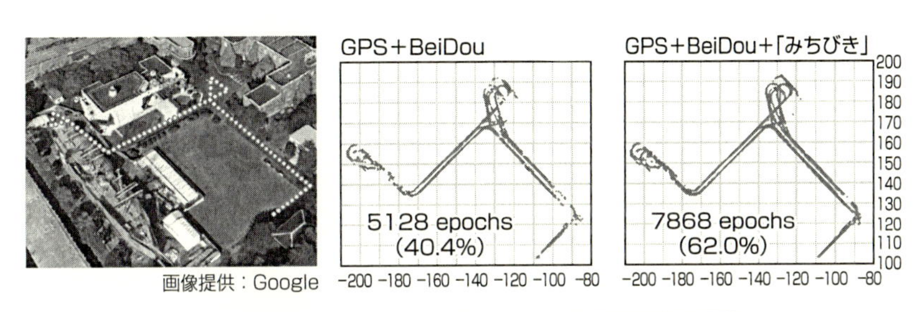

「みちびき」を追加した測位の実験（結果）

みが違います。筆者はこのような実験を2010年から何度も実施し、「みちびき」がRTKなどの高精度測位に大きく貢献することを何度も確認してきました。高仰角ですと、安定した通信も可能になるため、欧州でもこの準天頂軌道が見直されていると聞くこともあります。

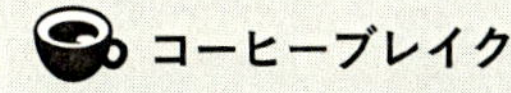

コーヒーブレイク

魚眼カメラの画像と衛星を一緒に表示させるのに、RTKLIB（p.142）を利用しています。研究室の学生が作ってくれた利用方法のまとめ（http://www.denshi.e.kaiyodai.ac.jp/gnss_tutor/pdf/ht_06_kai.pdf）がお役に立てば幸いです。

61 測位補強としての機能1

サブメータ級の補正データを提供します

「みちびき」より放送される測位補強用の補正データサービスは、信号一覧で示したように、大きく次の3つと測位技術実証サービスがあります。

①サブメータ級測位補強サービス

②SBAS配信サービス

③センチメータ級測位補強サービス

ここでは、①のサブメータ級測位補強サービス（Sub-meter Level Augmentation System、SLAS）について紹介します。本サービスは、日本電気株式会社（NEC）が運用を担当しています。

SLASの補強対象となる測位衛星はGPSと「みちびき」で、測位信号はL1-C/Aです。補正データ自体は準天頂軌道と静止衛星の両方からL1Sで送信されます。L1Sのビットレートは250 bpsです。受信機側には、L1Sをデコードする機能と航法演算部の改修が必要です。サービス範囲を図に、精度を表に示しました。サービスエリア内で補正データを受信すると、測位精度を向上させることができます。測位精度を向上させる原理は、すでに学んだディファレンシャル測位と同様です。日本国内にまんべんなく設置された約13局の基準局データを利用して（緯度でいうと札幌から石垣島）、補正データを生成し、それを「みちびき」から放送しています。サービス範囲の領域1は基準局位置から近いため、達成精度が高く設定され、領域2はやや精度が落ちることを意味しています。海上保安庁が現在運用している沿岸部のディファレンシャルGPSサービスが2018年度で廃止することが決まっているため、達成精度は少し異なるとしても、本サービスがその代わりになるといえます。

表の精度は、仰角マスク10度で、周囲の開けたオープンスカイ環境で受

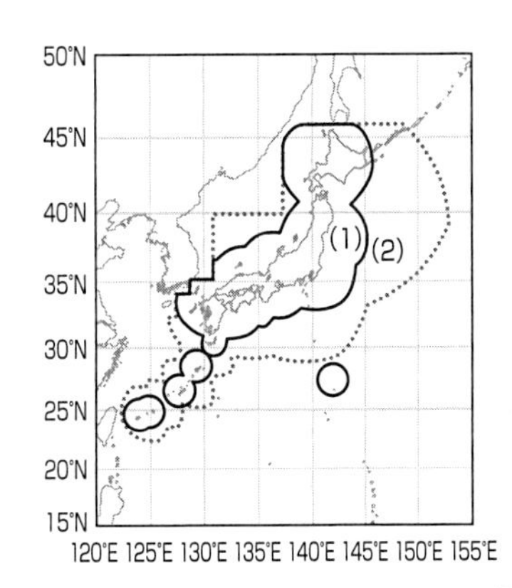

領域区分	測位誤差	
	水平	垂直
領域(1)	1.0 m以下(95%) (0.58 m(rms))	2.0 m以下(95%) (1.02 m(rms))
領域(2)	2.0 m以下(95%) (1.16 m(rms))	3.0 m以下(95%) (1.53 m(rms))

SLASのサービス

信機側の測距誤差が小さいことを想定しています。精度の意味ですが、1.0 m以下（95 %）とは、例えば24時間測位した結果の水平方向の誤差の絶対値を小さい値から並べたときに、全体の95 %値が1.0 m以下となります。またrms値と95%値の換算係数が水平で1.73、垂直で1.96と記載がありました。重要なパラメータであるTTFF（Time To First Fix）は、30秒以内（95 %）です。TTFFとは初期捕捉時間のことで、L1S信号が受信可能になった時点から、SLASによる測位補強が完了するまでの時間です。250 bpsのビットレートですので、日本全国の補正データを瞬時に受信することは困難であり、全ての補正データを受信するまでに時間を要します。一度受信し測位補強が開始すれば、その後連続的に受信している限りにおいては、補正サービスを継続して利用できることになります。

このサービスを受信するメリットは、精度もさることながら、絶対位置の確度が向上することです。このサービスを利用することで、通常の単独測位よりも、例えば自動車の車線レーン判別の正解の割合が増加すると予想されます。もちろん地図側の絶対位置精度も必要となります。数mではなく、1 m以内の精度が期待されるアプリケーションに適しています。本サービスの詳細はPS-QZSS（ パフォーマンススタンダード）、IS-QZSS（ユーザインタフェース仕様書）を参照してください（p.137）。

62 測位補強としての機能2

センチメータ級の補正データを提供します

測位補強の2つ目のSBAS配信サービスは、すでに第6章で簡単に述べておりますので省略します。ここでは、センチメータ級測位補強サービス（Centi-meter Level Augmentation System、CLAS）について紹介します。本サービスは、三菱電機株式会社が運用を担当しています。

CLASの補強対象となる測位衛星はGPSと「みちびき」だけでなく、GalileoやGLONASSも含まれています。ただし、送信できる容量に限界がありますので、全ての測位衛星をフルで利用できるわけではありません。補正データは準天頂軌道と静止衛星の両方からL6信号で送信されます。L6のビットレートは2 kbpsです。受信機側には、L6信号をデコードする機能と航法演算部の改修が必要です。サービス範囲を図に、また精度を表に示しました。みるとわかるように、サービスエリア内で補正データを受信すると、測位精度をcmレベルまで向上させることができます。測位精度を向上させる原理は、すでに学んだRTK測位に似ています。日本国内で運用されている電子基準点のうち、約300局の基準局データを利用して、補正データを生成し、それを「みちびき」から放送しています。これらの精度は仰角マスク15度で、基本的に周囲の開けたオープンスカイ環境で利用できる衛星が5機以上であることを想定しています。重要なTTFFは、60秒以内（95％）です。これは、CLASでは、L6信号が受信可能になった時点から、補強対象衛星の測位信号に含まれる搬送波位相のアンビギュイティを決定するまでの時間です。

サブメータ級のサービスと異なり、センチメータ級になると、電離層の影響などが大きく、多くの基準局データが必要となります。利用する全ての基準局データをそのまま集めて送信すると、データ容量が足りません。そのた

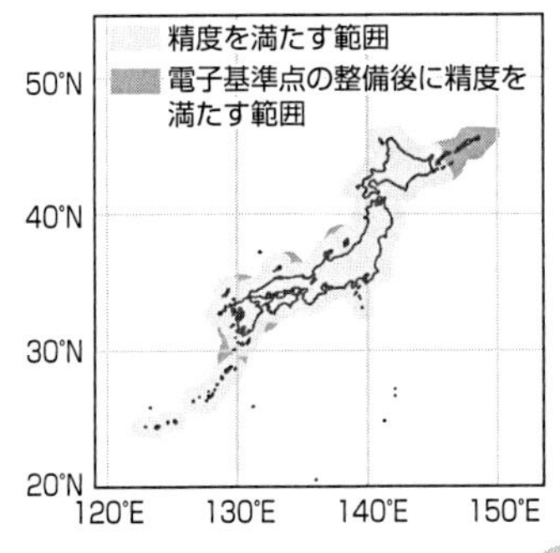

種別	測位誤差	
	水平	垂直
静止	<6 cm(95%) (3.47 cm(rms))	<12 cm(95%) (6.13 cm(rms))
移動体	<12 cm(95%) (6.94 cm(rms))	<24 cm(95%) (12.25 cm(rms))

CLASのサービス

め一度集めた電子基準点のデータを元に、独自の技術で新しい補正データとして生成しています。実際に補正データ内で送信されているものは、衛星の精密暦（軌道・時計)、衛星のコードバイアス、搬送波位相バイアス、電離層遅延量情報などです。最終的にユーザ側受信機では、搬送波位相の二重位相差アンビギュイティを解かなければならないため、これら補正データのトータルの精度はcm級が必要です。通常の基準局1つのRTKで、測位衛星全ての補正データを決められた規格（RTCM3）で（圧縮なしで）送信すると、2 kbpsを確実に超えます。RTK測位と比較すると、CLASのサービス範囲は非常に広く、約30秒間の補正データで、日本全国でRTKを可能にできる補正データを生成するのは、容易ではないと想像できます。

CLASは、数cmの精度が期待されるアプリケーションに適しています。本サービスの詳細はPS-QZSS、IS-QZSSを参照してください。PS-QZSS、IS-QZSSは内閣府の「みちびき」のサイト（http://qzss.go.jp/technical/download/ps-is-qzss.html）より入手できます。このサイトはみちびきに関する情報が満載です。

PS-QZSSはパフォーマンススタンダードと呼ばれ、「みちびき」全般の性能仕様書となります。IS-QZSSは「みちびき」の中のサービスごとに分かれた仕様書で、各サービスの詳細の記述があります。例えば信号特性やメッセージ内容、ユーザ側のアルゴリズムなどです。

災害危機情報の配信

緊急の情報を効率的に放送します

測位衛星の主な目的は、名前にあるように位置を測ることです。これまで説明してきたように、「みちびき」はすでにGPSと同じ測位信号を放送しており、さらに補正データも放送しています。これらの仕事をきちんとこなしつつ、他にも、衛星から放送すると有益な情報があります。それは地震、津波などの災害情報、テロに際しての危機情報で、災害・危機管理通報サービスと呼ばれます。大きな災害や危機に際しては、地上の通信が万が一局所的に機能しないことも想定され、衛星はそのような場面で日本中くまなく放送できる大きなメリットがあります。陸上だけでなく、海上の船や飛行機にも届けることができます。現在、災害情報は気象庁の配信する防災情報を元にしています。

この災害危機情報は、L1Sの信号を受信することで誰でも利用できます。L1S信号は、サブメータ級測位補強サービスと同じ信号であり、L1-C/Aと同じ周波数ですので、デフォルトで多くの受信機チップに組み込まれることが期待されています。図に災害危機情報のサービス範囲を示しました。これは東経127度付近にある「みちびき」の静止衛星のケースです。地図上の境界線は、ちょうど仰角が10度の箇所になります。静止衛星はほぼ同じ位置にありますので、この線の位置は変わりません。本サービスは前の表に示したように、準天頂軌道の「みちびき」からも配信されますので、日本中どこにいても、屋外であれば即座に受信できると考えてよいです。

「みちびき」だけでなくGNSSの機能は、本来地上の通信回線が届かない場所でも利用できます。私は海外出張時に、無料の地図だけダウンロードし、現地でスマホの測位機能でナビをすることもあり、大変便利です。その意味において、災害危機情報は東南アジアやオセアニア地域でも受信するこ

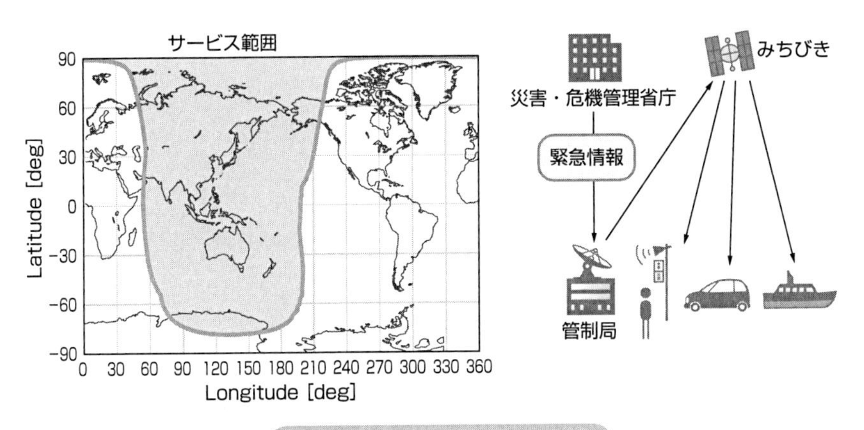

災害・危機管理通報サービス

とができます。まだ予定の段階のようですが、日本で収集したこれら地域での地震、津波、大規模事故そしてテロなどの情報を配信する仕組みも可能です。今後7機体制も決定していることから、「みちびき」の数に余裕がでてきますので、衛星の配置によっては、東南アジアやオセアニア地域の国々からの情報に基づいた災害危機情報を収集し、配信することも可能ではないかと思います。

スマホだけでなく屋外でも利用できます。「みちびき」対応受信機とスピーカーを自動販売機などに設置し、災害時には、「みちびき」経由の情報をスピーカーからアナウンスする方法です。これにより、携帯電話を持っていない方や、回線が不通となっている方々にも、情報を伝えることができます。

コーヒーブレイク

災害危機情報配信に近いサービスとして、衛星安否確認サービス(Q-ANPI) があります。衛星安否確認サービスは、主に災害時において、避難所などからの被災情報を収集し、その情報を災害対策に利用することを主な目的とした、内閣府宇宙開発戦略推進事務局、および準天頂衛星システムサービス株式会社が提供する公共性の高いサービスです。従って、利用やビジネス化にあたっては制約があります。

64 MADOCA

「みちびき」の技術実証試験サービスです

「みちびき」において、アジア・オセアニア地域でのセンチメータ級測位補強の実証の位置づけで、高精度測位補正技術の技術実証が行われています。MADOCAとは、Multi-GNSS Advanced Demonstration tool for Orbit and Clock Analysisの略称です。これはJAXAが開発を進めてきた精密衛星軌道・時計推定を行うソフトウェアであり、高精度測位に必要な補正情報を数cmの精度で生成します。これにより、海外や海洋を含めたグローバルな環境での高精度測位の利用が期待されています。

MADOCAは現在も開発がすすめられており、マルチGNSS対応や精度向上が図られています。これまでGPS、GLONASS、「みちびき」に対応した衛星の精密暦（軌道・時計）を、リアルタイムでそれぞれ6～9 cm、3～7 cmの精度で放送してきました。今後、対応する測位衛星をGalileoやBeiDouまでカバーし、精度も改善する予定です。

MADOCAの補正データは、基本的に衛星側の補正情報のみです。そのため、ユーザ側の受信機のソフトウェアは、水平10 cm以内の精度を達成するために様々な誤差要因を考慮し計算する必要があります。第6章で紹介したPPPがこのソフトウェアの測位方式です。電離層などの誤差を十分低減するために、10～20分の収束時間を要するのが弱点です。ただし、オープンスカイでは一度収束すると所定の精度が継続しますので、衛星経由の補正データという点では利用しやすいといえます。実際に「みちびき」で放送されている精密暦を利用して、対応受信機で出力した水平方向の測位誤差を示しました。約15分で10 cm未満の精度に達していることがわかります。

数年前までのPPPでは、搬送波位相のアンビギュイティを解かないPPPが主流でしたが、最近では、PPP-ARという技術がでてきました。ARは

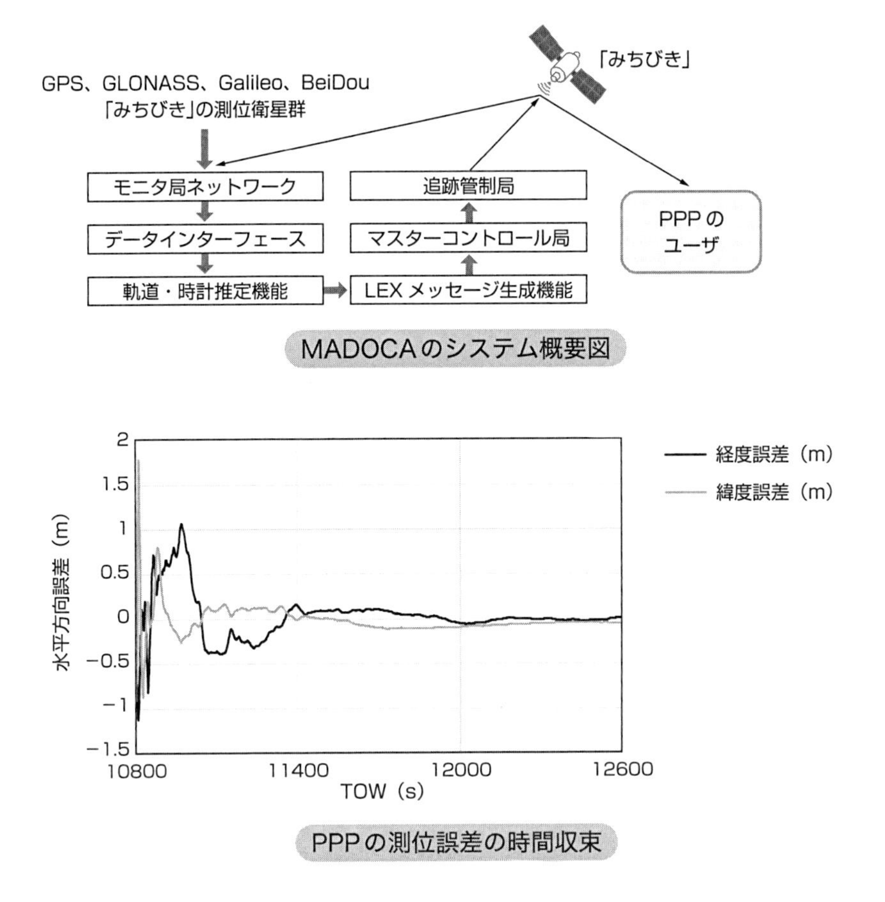

MADOCAのシステム概要図

PPPの測位誤差の時間収束

Ambiguity Resolutionのことです。PPPでもアンビギュイティを解くことで、精度を10 cm弱から2〜3 cm程度に向上させるものです。このPPP-AR用に、衛星側より放送するデータに、衛星ごとのバイアス情報などを付加することも考えられます。

この測位技術実証は、内閣府主導のもと行われていますが、実際に技術実証を事業化につなげて運用を担当する企業が必要です。2017年6月にGPAS（Global Positioning Augmentation Service）という会社が立ち上がりました。2017年12月現在、衛星測位に関連する企業を中心に7社が出資しており、今後の展開が期待されています。

COLUMN

RTKLIB

この章では、国産の測位衛星である「みちびき」について紹介してきました。ユーザ視点にたち、解析ソフトに目を向けると、RTKLIB（http://www.rtklib.com/）という世界中で利用されているオープンソースの高精度測位解析ソフトウェアがあります。高須知二氏が開発したもので、いまや世界中で利用されている貴重なソフトウェアです。筆者も研究や講義で頻繁に利用しています。この本で書いた測位演算方式すべてを網羅しており、かつユーザインターフェースに優れ、可視化ツールもとても充実しています。もし興味のある方がいましたらぜひ利用してみてください。後処理解析だけでなくリアルタイム解析も可能で、可視化ツールは研究に非常に有益です。わずかな特徴や変化を捉えることが研究では重要であり、優れた可視化ツールが欠かせません。上記WEBサイトだけでなくGitHub上にも公開されています（https://github.com/tomojitakasu/RTKLIB/tree/rtklib_2.4.3）。

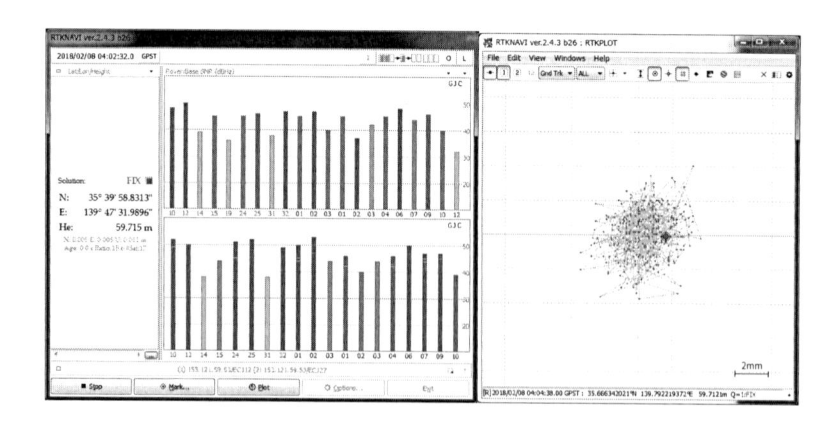

第 8 章

位置情報の利活用

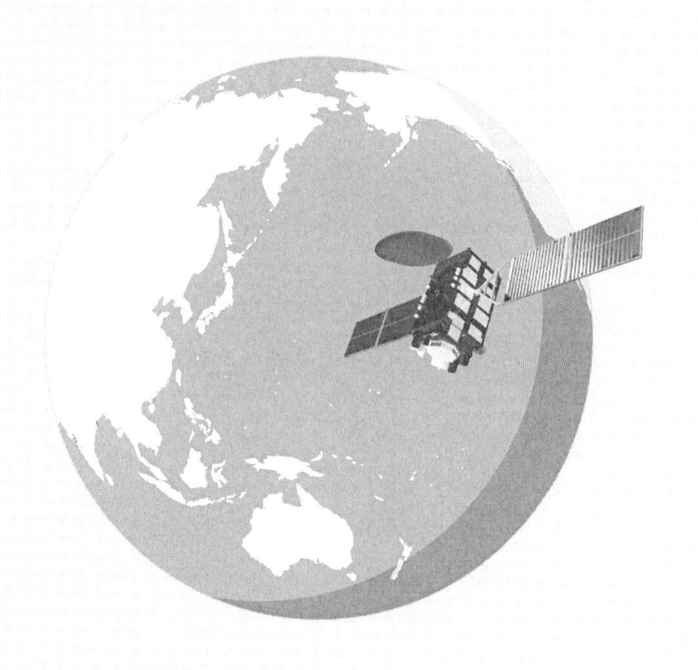

出典：qzss.go.jp

65 スマートフォン

スマホで数cmの精度の時代がやってくるかも

スマホでの位置情報は、衛星測位だけでなく、無線LANや携帯基地局の位置からの電波の強さなども利用して算出されています。そのため、純粋に衛星測位での位置とはなりません。みなさんがスマホで位置を調べるときの場所は屋外とは限りませんね。もし屋外であれば、おおむね衛星測位による位置を表示していると考えられますが、屋内では測位衛星からの電波は届きませんので、別の方法で位置が求められています。ここでは屋外にいる場合を想定します。

図に示したような画面をよくみますね。Google Mapです。Google Mapの地図の座標系はWGS84ですので、衛星測位による位置結果をそのまま表示できます。画像の薄いグレイの円の範囲で、おおよそ自身がどこにいるかを示しています。この範囲ですが、これはどのくらい確からしい位置かという情報を与えます。最近のスマホの位置や速度情報を出力するアプリには、3 mくらいの精度なのか、10 mもしくは20 mなのかをあわせて表示してくれるものが多いです。Google Mapはインターネットに接続していないとみることができないケースが多いと思いますが、最近はオープンストリートマップをベースにした地図アプリもでてきており、海外出張時に筆者はよく利用しています。この場合、海外で携帯回線につながっていなくとも、Google Mapと同じようにスマホで自身の位置を確認することができます。初めて訪れる国でタクシーに乗ると、不安になるものですが、あらかじめインストールしておいた地図上に自身の位置が表示されると、少し安心します。衛星測位は衛星を利用する技術ですので、地上の通信に依存する必要がありません。

スマホの位置情報を利用するアプリを列挙するときりがないですので、ス

Google Map

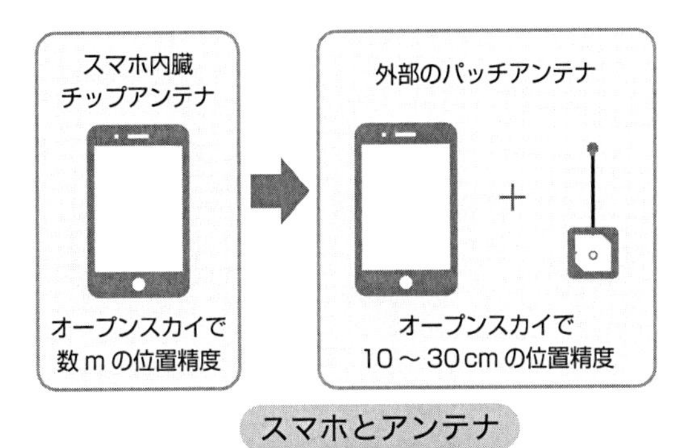

スマホとアンテナ

マホに内蔵されている衛星測位のチップについて述べます。スマホ内蔵のチップの性能は高く、10 cmくらいの位置精度を出す実力があるようです。ただし、1つだけ条件があります。それは、アンテナです。スマホの中に埋め込まれている衛星測位用のチップアンテナは非常に小さいもので、しかも周囲の無線LANや携帯用の電波などの影響を少なからず受けています。そのため、受信信号のレベルを十分に活用することができていません。カーナビのパッチアンテナであれば、オープンスカイで35～50 dB-Hzありますが、スマホ内蔵の衛星測位用の小型アンテナでは、オープンスカイでも最大40 dB-Hz程度であることが多いです。スマホ内蔵アンテナのみではオープンスカイで数m、外部パッチアンテナを使うと10～30 cmの位置精度となります。

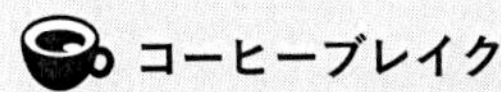

コーヒーブレイク

半導体製造メーカであるBroadcom（米国）が2017年にL1帯と新たにL5帯に対応したスマホ用のGNSSチップを販売するとアナウンスがありました。実際にいつ頃スマホに組み込まれるのか定かではありませんが、スマホのGNSSチップに2周波対応がやってくるとは少し驚きでした。

66 カーナビゲーション

自動運転時代にどう変貌していくでしょうか

米国がGPSの運用を開始した1980年台頃から、日本の技術者はすでに現在のカーナビを考案していました。当時はGPSを利用しないジャイロ式のものもありましたが、1990年代に入ると、パイオニア、三菱電機、アイシンAWそしてソニーから、自動車向け市販モデルのカーナビが発売されるようになりました。現在は、世界中でカーナビが利用される時代で、スマホでも代用できるようになりましたが、当時は世界初の画期的な商品であったと思います。

米国にもガーミンという会社があり、主にPND（Personal Navigation Device）と呼ばれる携帯可能なカーナビを販売しています。日本の企業は、このPNDに少し乗り遅れた感があり、高感度化の技術にも少し遅れたと思われます。日本のカーナビは、GPSだけでなく、車速センサやジャイロなどの情報も含めて位置の信頼度を向上させ、ユーザの使い勝手を充実させてきました。そのため、高価格になったことは否めません。PNDの場合、ダッシュボード付近にぱっと置くだけなので、手軽でかつ安価です。その分、車速センサの情報などを利用することができませんが、それでもユーザに受け入れられているようです。米国や欧州は都市部を除いて、周囲が開けた環境がほとんどで、衛星測位だけでもそれなりの精度が出せるのです。一方、日本の場合、都市部の割合が米国と比べると大きいと考えられます。また、このようなPNDタイプの受信機はいち早く受信レベルの高感度化に成功していました。高感度化とは、これまでほぼ受信できなかった車の屋根の真下でも、信号追尾の相関処理を工夫することで、衛星からの距離情報を計算することができるようになったことです。アンテナを設置する場所にもよりますが、これまで道路判別にはマップマッチングが必須であったカーナビが、

ダッシュボード内に設置したカーナビ
（速度センサも入力）

ダッシュボードに置く
PNDタイプのカーナビ

2タイプのカーナビ

マップマッチングなしでも、どの道路を走行しているか判別できる精度の安価なGNSSチップがでてきたともいえます。もちろんマルチGNSSの恩恵もあります。

今後のカーナビはどのように変遷していくでしょうか。現状の利便性だけでなく、昨今注目されている事故防止のための機能強化があります。現在の自動車には、カーナビ以外の様々な安全装備が充実しており、カーナビはこのままの形で残っていく可能性もあります。一方、自動車の事故防止機能として衛星測位技術が利用される可能性は高いですので、そのときに衛星測位技術と地図をすでに備えているカーナビの役割が変わってくる可能性もあります。現在のカーナビで、事故の多い交差点などの情報提供や、渋滞情報も利用することができており、さらに位置精度の向上により、道路のどの車線にいるかがわかるようになると、ユーザの利便性がさらに向上すると考えます。

コーヒーブレイク

カーナビの便利な機能に、到着予想時刻があります。精度面では、従来のカーナビで車速パルスなどが付随しているもののほうがアンテナも別に設置されていることもあり、断然よいです。ただ到着予想時刻になると、従来のカーナビは道路交通法上の制限速度が設定されており、その速度よりも少し速く流れている道路を使うと、スマホのほうが正確に予測できたりします。スマホのアプリケーションでは、現在の交通状況だけでなく過去の実情報をベースに計算しているのかもしれません。

67 ドローン

衛星測位技術がないと実現しなかった？

ドローンとは、リモコンで操縦または自律の無人航空機のことを指しており、最近はやっているマルチコプターも含まれます。代表的なマルチコプターの写真を示しました。ドローンはこれまでの固定翼型ラジコン航空機に比べて良好な操縦性、安価な価格、高度な自律飛行機能を備えることから急速に社会に浸透しています。これまでのラジコン航空機との最大の違いは高度な自律飛行機能を備えていることであり、この機能を実現するためには機体の現在位置を把握する必要があるため、衛星測位（GNSS）をはじめとした測位・航法機器が必要不可欠であるといえます。

次にドローンと衛星測位を含むセンサについてみていきます。現在、広く利用されている市販のドローンにDJIというメーカがあります。筆者の研究室でも利用しているため、例に挙げました。このドローンは様々なセンサとGNSS受信機を搭載しており、高い自律飛行能力を備えています。ここでいう自律飛行能力とは、いわゆるウェイポイントを設定して飛行させるオートパイロットに限らず、機体の姿勢を水平に保つ、高度を一定に保つなどの飛行補助機能を含みます。ラジコン航空機はこのような高度な飛行を行う場合、操縦者の技量向上のために数年以上の訓練が必要でしたが、ドローンの場合は、ビジュアルセンサ・気圧計・IMU（Inertial Measurement Unit）・GNSSなどから得た情報を利用して姿勢や高度を制御しているため、誰でも簡単に高度な飛行を行うことができます。現在のドローンで各種センサがどのように利用されているかを表にまとめました。

ドローンの制御で最も比重が高いのはIMUとGNSSです。この2つを搭載しなければ高度な自律飛行は行えません。ホビー用途などではIMUのみを搭載し、GNSSを搭載していないものもありますが、IMUで水平姿勢を維持

搭載センサ	主な機能
衛星測位	位置推定、高度維持、速度推定
IMU	姿勢維持、針路推定、速度推定
電子コンパス	針路推定
カメラ	水平方向の機体位置維持
気圧計	高度維持
超音波高度計	高度維持

ドローン

ドローンで取得したオルソ画像

する以外の機能がついていないため操縦は難しく、ラジコン航空機に近い性質のものになっています。

現在、ドローンは人命救助、農業、工業、測量、空撮、レース、ホビーなどの多岐の分野にわたって活躍しており、ドローンにGNSSが搭載される理由は2つあります。1つは位置情報取得で、例えばドローンを使った測量ではカメラやレーザを使って3次元地図情報を作成できますが、その際に衛星測位による精密な位置情報を保存する必要があります。もう1つはドローンの自動操縦のための利用で、ドローンを目的の場所まで自動飛行させたり自動離着陸をさせたりする場合に利用されています。救助・捜索や測量のための一定速度・高度を維持したジグザグ飛行などを自動で行うには、自機の絶対位置情報を取得することは非常に重要です。地図写真は、研究室の学生がドローンとグランドコントロールポイント（撮影する場所に目印となるコーンなどを数箇所に置き、あらかじめRTKで精密位置を測量しておくポイント）補正で生成したオルソ画像（空中写真を地図と同じく、真上からみたような傾きのない、正しい大きさと位置に表示される画像に変換したもの）です。我々の検証では、数cmレベルの精度がでていました。

68 自動運転

衛星測位はどのように寄与するのでしょうか

自動車での衛星測位の利用は、カーナビに代表されるように、ユーザの利便性の面で大きく貢献してきました。ただし、昨今注目を浴びている衝突予防装置、前車自動追尾装置そして車線維持装置などに、衛星測位は利用されていないように思います。これら安全装置では、レーダやカメラが重要なセンサです。

今後も自車周辺の外界情報の入手という意味で、これらセンサやLiDAR（Light Detection and Ranging：光を反射させて対象物の距離を測定）が主流であると考えますが、衛星測位も、自動車の運転支援用センサの1つとして利用される理由があります。それは、世界中どこでも屋外であれば、自動車の絶対位置を非常に安価な機器で教えてくれるものは、衛星測位以外に当分でてこないためです。自動車の初期位置もまたそうです。

レーダやカメラの特徴に関する表を示しました。おおよその地図上での位置は、衛星測位や慣性センサと車速センサとの統合で、常に1～2m以内の精度で知ることができる状態にしておき、自動運転に重要な細かい制御を上記の外界情報センサで担当するイメージです。絶対位置を知ることで、高精度地図との照合ができ、この先のどのタイミングで信号があるかなども認識しやすくなります。衛星測位では、自動車向けの補正データの放送も検討されていますので、オープンスカイ環境では、10cmレベルの位置決定も現実的です。また、V2X（Vehicle to Xの略称で、XはVehicleやPedestrianなど、車両と通信をする対象物）と呼ばれる、車同士や車と歩行者とのロバストな通信を利用した運転支援では、自車周辺の位置だけでなく、見えない他車との位置のやりとりが重要です。

例えば他車が見えない交差点などでの位置関係です。衛星測位をはじめと

	レーダ	カメラ	LiDAR
測定距離	○	△	◎
角度と解像度	△	◎	○
悪天候時の性能	◎	△	○
夜間の性能	◎	○	◎
対象の分類	△	◎	○

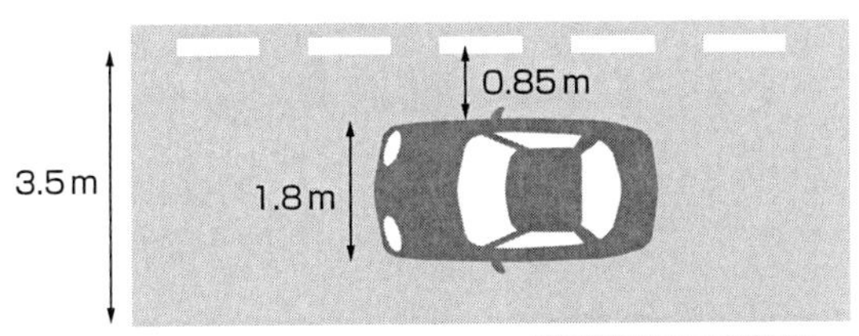

車線判別の精度

する、慣性センサや車速センサとの統合で、現状でも都市部で1～2mの精度で位置を割り出すことが可能です。常にネットワークにつながる車両が増えてくることで、位置情報のやりとりが可能となり、注意喚起が可能と考えます。また、最近問題となっている自動車の逆走の問題ですが、上記のV2Xが広く利用されるようになると、周囲の車への注意喚起が可能となり、事故を未然に防ぐこともできます。

道路の車線のどこにいるかを判別することも重要です。車線判別に必要な精度は図に示したように、約85 cmのマージンに対しておよそ99 %の信頼性を想定すると、約3分の1の30 cm程度の精度が必要です。衛星測位を利用する場合、補正データの入手が必須です。オープンスカイであれば、かなりの信頼度で精度を担保できますが、トンネル内や衛星電波の遮蔽環境が継続するような場所では、精度劣化を避けることができません。外界情報センサがメインとなり、車線判別する機能に対してどのくらい支援できるかが今後の課題です。衛星測位に求められていることは、位置情報と同時にどのくらいの精度が担保できているのかを示すことといえます。

69 精密農業での利用

担い手不足の農業に適しています

精密農業は、これまで人間の勘にたよってきた方法ではなく、情報技術やビッグデータを駆使して科学的に農作物を生産する手法です。精密という言葉の意味は、より的確に生産手法を向上させることのようです。精密農業の流れの中に、農場での刈り取りなどを自動で精密機械が行うことも含まれています。動作の一部を、人が支援することもあります。ここでは、衛星測位の観点より、機械の位置をcmの精度で制御する必要のある農業用の精密機械について述べます。

米国では以前から実用化されており、精密な位置決定のために衛星測位が利用されています。日本と比較して大規模な農場が多く、精密農業の考え方に適していたともいえます。日本の場合、小規模農場では、熟練者の目が行き届きやすく、自動化の必要性も少なかったと考えられます。ただ日本では、運転の巧みな農業従事者が減少しており、農業従事者に占める高齢者の割合が非常に高いため、若い人や運転に慣れていない人でも農業ができるようになることは重要で喫緊の課題です。これら課題に対応するため、政府も精密農業の支援に積極的です。北海道では、一部大規模農場も存在するため、衛星測位を利用した精密農機システムの導入がなされている農家が増えてきているようです。

精密農業で活躍する無人作業機の写真（北海道大学）と無人化への道程を示しました。写真の農機は停車中ではなく、無人で動いています。無人化には大きく3つの段階があります。最初の段階では、人間が農機に乗って操作を行い、衛星測位や慣性センサなどでその操縦を支援するシステムです。農機を操縦する人間の負担を減らします。次の段階は、人間と農機が協調して動くシステムです。人間が操縦する場面は少なくなり、機械が代わりに操縦

提供：北海道大学大学院農学研究院
ビークルロボティクス研究室　野口伸教授

無人農機

完全無人化への道

するため、農機の中でそれを監視します。複数台同時に動くこともあります。熟練者だけでなく、初心者でも可能になることが重要です。さらに次の段階は、完全に無人の農作業です。人間は農機に乗り込まず、農場のそばで農機の動きを監視します。

最後に農機で利用される衛星測位の測位方式についてみておきます。すでに述べたとおり、精密農機にはcmの精度が求められます。そのため、搬送波位相を利用したRTKやPPPが必須です。北海道の農場では、自前で基準局を設置したり、VRS（Virtual Reference Station：仮想基準点と呼ばれ、ユーザを取り囲む3つ程度の基準局の補正データを利用してRTKを行う）を利用してRTKを準備し、精密農機を利用している農家の方がおられると聞きます。今後は、「みちびき」の衛星経由の補正データを利用して、同程度の精度や利便性が得られることが強く期待されています。すでに、「みちびき」の技術実証サービスであるPPP方式を利用した「自動運転トラクター」の実験がオーストラリアで2015年に実施されました。実証実験での精度は期待値通りだったとのことです。

70 建設現場での利用

この業界でも人出不足をおぎないます

グラフをみてください。建設業従業者数のここ約25年の推移です。建設業の人出不足は、農業以上に深刻のようです。ここ数年i-Constructionという言葉を聞いたことのある方も多いと思います。i-Constructionとは、建設現場の生産性向上を目指し、建設工事における測量・設計・施工・検査の一連の工程において高精度な3次元データなどを活用することです。テレビのコマーシャルで見られた方も多いと思いますが、建機の自動化もその流れの中にあります。建機の自動化までいかなくとも、建設現場のあらゆる建機の動きや稼働率、進捗を管理することは極めて重要であり、衛星測位の高精度測位はそれらに寄与するものと考えられます。

ダムや高速道路などの実際の建設現場に行くとわかりますが、このような現場では、3次元出来形管理が重要です。斜めにコンクリートを固めていく工程を1つとっても、3次元での位置を特定できることが重要です。どのくらいの精度が要求されるのか詳細はわかりませんが、10 cm程度は必要と考えられます。これまで人が測量をしながら時間をかけて作業を進めてきましたが、現在では、ドローンや高精度な位置で誘導できる建機の出番となっています。ドローンにRTK機能とレーザやカメラを搭載し、現場全体を飛ばすだけで、あとは、ソフトが3次元計測を行い、出来形を数cmの精度ではじき出してくれます。要する時間が圧倒的に短縮されます。この場合、ドローンの位置をcm級で確実に算出するRTKが重要な技術です。

では、実際に施工する建機はどうでしょうか。建機は決められた高さにコンクリートや土を積み上げ、ならしていく必要があります。このとき、できるだけ平滑にまんべんなく同じ高さが求められる現場では、RTKでブレードなどの高さを確認しながら作業を進めたほうがよいことがわかります。さ

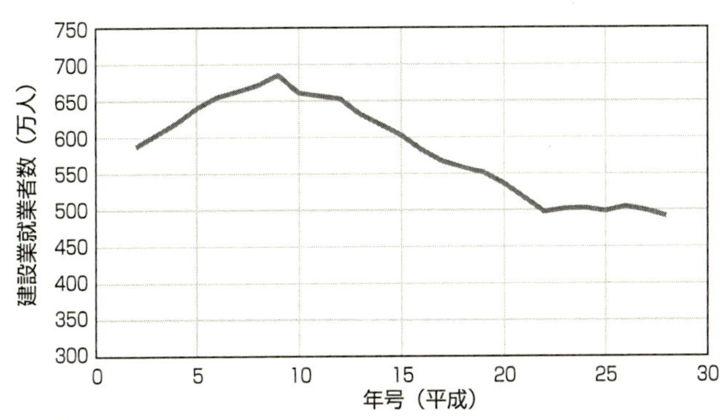

出典：総務省労働力調査をもとに国土交通省で作成されたもの

建設業就業者数

- GNSS受信アンテナ
- GNSS受信機
- 高精度慣性センサ

出典：小松製作所

高精度ICT油圧ショベル

らには、ブレードの高さを自動で機械が調整することも可能で、操縦者は決められた経路で建機を動かすことに専念できます。最終的には、建機の操縦全てを機械が担い、人間は機械の操縦を監視するだけになるかもしれません。この場合、初心者でも任務を遂行できると考えます。前述の農業での話に近いといえます。代表的な精密建機の写真をのせました。GNSSや高精度のIMUが利用されています。最初に述べたように、建設現場での人出不足は明らかです。建設現場で活躍する方々の労務環境を改善し、事故や負担を減らしていくことも極めて重要であり、建設現場でのi-Construction化は今後も進化していくと考えます。

71 船舶での利用

AISは安全航行に欠かせません

船舶の航行は、ナビゲーションの歴史とともに進んできたといえます。地上を移動する物体と異なり、海上では目印となる建物などがないため、自ら速度や方位ひいては位置を正確に知る必要がありました。速度や方位で自船の位置を決める手法のみでは、どうしても時間の経過とともに位置誤差が増大する欠点がありました。そのため、電波航法で自船の絶対位置を決定するシステムの開発が各国ですすめられ、現在では衛星測位がその役割を担っています。衛星測位では世界中どこでも数mの位置を決定できるため、長さが数百mにおよぶ船舶では十分な精度です。また漁船のような小型船舶でも自船のナビゲーションに数mの精度があれば十分です。

海上での自船の位置については問題ないことがわかりますが、お互いの船舶同士の位置を知ることも、衝突事故防止の観点より重要です。船舶の航行位置管理は現在AIS（Automatic Identification System）が担当しています。日本語で自動船舶識別装置と呼ばれます。AISで共有される情報は、船名・位置・針路・速力・目的地などのデータで、船ごとにそれらの情報を得るために衛星測位が主要な役割を担っていることがわかります。各船はVHF帯デジタル無線機器を設置し、情報を送信しています。受信アンテナと対応ソフトウェアがあれば受信したデータを電子海図上やレーダ画面上に表示することができます。日本の場合、沿岸にAISの陸上局が設置され、担当エリア海域内で船舶の航行管制を行っています。AISは以下の要件を満たす全ての船舶に搭載が義務化されています。搭載義務船舶は、総トン数300トン以上の国際航海する船舶、総トン数500トン以上の非国際航海の船舶、国際航海の全旅客船です。 搭載義務の無い船舶向けに簡易型AISが販売されています。AIS機器の概観写真と海図上にAIS情報を示した画面（東京湾

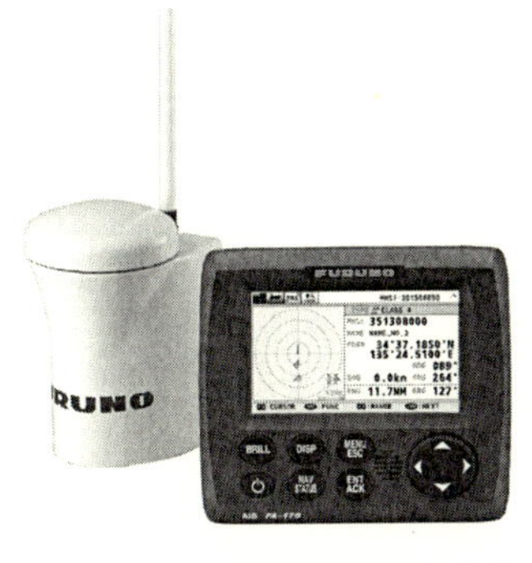

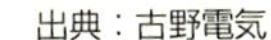

AIS機器

出典：古野電気

AIS情報

付近）を示しました。このAIS情報はMarineTrafficというWEBサイトでも無料でみることができます。

次にAISの課題について述べます。AISは大型船には搭載義務があるのですが、軍用の船舶や海賊などに自船の位置を知られたくない船舶は、あえてAISを停波しています。また大型船と漁船との衝突も実際に起こっており、AIS搭載義務のない小型船舶の位置をどう管理するかという課題があります。AIS情報を用いることで、船舶の身元や目的地を知ることができますので、逆にAIS情報のない船舶を特定することで、違法な漁船などを選別し監視することが可能です。これはAISの応用例になります。低軌道衛星を利用して、画像中の船舶と衛星で受信したAIS情報を照らし合わせて、船舶の選別を行うサービスもでてきています。

コーヒーブレイク

自律船に向けた取り組みが、海外だけでなく国内でも活発になっています。どこまで自律にするかという議論もありますが、国内の動向をみていると、自律船の研究開発（例えば自動車と同じようにAIの利用）に大きく舵が切られていると感じます。船舶に関連する国の研究所だけでなく、大学や企業にも、自律船をテーマにした様々な研究開発課題が多くみられます。

72 航空管制

飛行機の着陸にも利用されはじめています

SBASの項で述べたように、衛星測位と航空管制はともに発展してきました。民間航空機が海洋上を航行する場合、レーダなどで位置を把握することも可能ですが、衛星測位のほうがより精度が高く利便性がよいです。実際に、日本でもMSAS（運輸多目的衛星用衛星航法補強システム）として運用されており、MSASの全体構成は図のようになっています。「みちびき」にも一部この機能があります。現在、日本上空および周辺海域を飛行する民間航空機のほとんどが、このシステムを利用しており、大きく3つの機能があります。インテグリティ機能・ディファレンシャル機能・測距機能です。このうち測距機能は周囲の開けた空ではGPS衛星を十分利用できることもあり、あまり注目されていませんが、精度を向上させるディファレンシャル機能は民間航空機以外でも利用されています。

この3つのうち最も重要な機能はインテグリティ機能です。インテグリティ機能は、完全性と呼ばれ、GPSだけでは欠けている航法システムとして

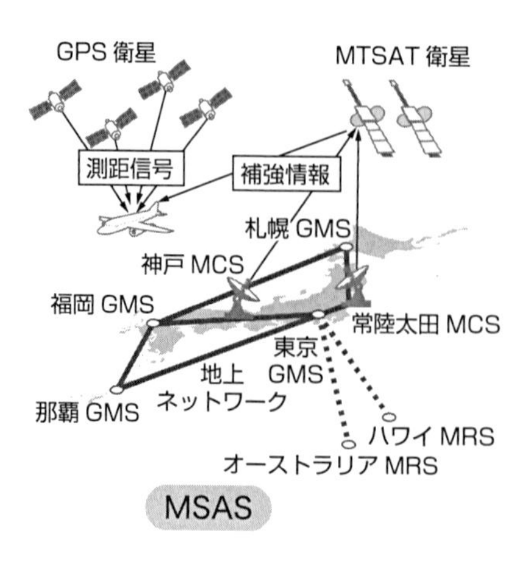

MSAS

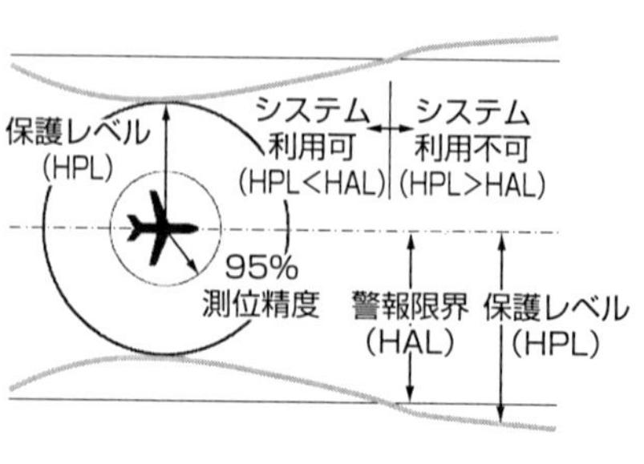

インテグリティ機能

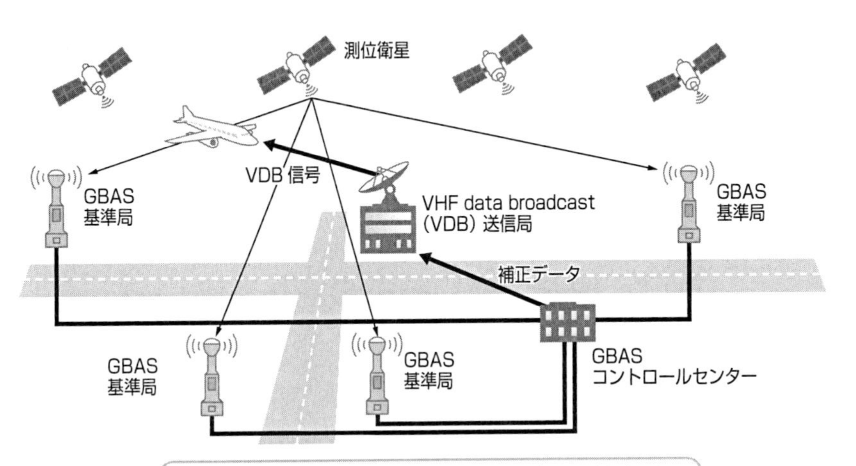

GBAS機能の概要

の信頼性を補う情報です。説明用の図を示しました。ユーザ側の受信機において測位誤差を招くGPS衛星の故障あるいは誤動作は少なからず発生しており、そのような状況をリアルタイムに検出してユーザ側の受信機に伝達することが、この機能です。図のHPLとは水平方向の保護レベルで、HALはシステムの警報限界です。HPLがHALを超えない限り、そのシステムは利用できます。一方、HPLがHALを超えると、そのシステムは利用できないことになります。

MSASはあくまでも洋上での航空管制に利用されていますが、最近は民間航空機の着陸フェーズでも衛星測位を利用するサービスが出始めています。それはGBAS（Ground Based Augmentation System）です。概要図を示しました。GBASの機能は基本的にはMSASと同様で、民間航空機の位置精度（特に着陸フェーズなので高度方向）を向上させ、インテグリティ機能を持たせる部分にあります。着陸の場合、洋上と異なり要求精度も厳しくなるため、衛星測位にとって障害となる飛行場周辺での電離層の擾乱などをリアルタイムで監視できることが重要です。GBASの機能を持つ空港は、日本国内でもすでに数箇所あります。

地殻変動のモニタリング

国内には約1300の基準点があります

基準局の話ですでに述べたように、国土地理院が約1300点の電子基準点を運用しています。これら電子基準点の主な役割は高密度・高精度な測量網の構築と広域の地殻変動の監視です。地震や火山の活動に起因する地殻変動を明らかにすることはとても重要です。最近では、企業活動に高精度測位が広く利用されるようになったため、それら用途にも電子基準点は利用されています。

図は直近1年間の日本の地殻変動量を示したものです。左上に1 cmの幅の表示があります。2016年11月の2週間の平均値と2017年11月の2週間の平均値の差を表わした結果です。2016年11月以降の大きな地震は福島県沖と茨城県北部の2つでした。1年間の傾向では、その場所とは関連はなく10 cm程度動いている箇所が多数あることがわかります。父島の変動が大きいこともみてとれます。地殻変動計算には、長基線のRTK技術が解析に利用されています。そのため、この変動を示す際に、固定観測局というものを指定しています。この例では、福江（長崎県）です。今後、高精度単独測位技術が普及してくると、両方の技術が利用される可能性もあります。高精度単独測位は基準局を特に決めずに地球上の絶対変動量をcmレベルで観測することができます。

次に、東北地方太平洋沖地震の地殻変動量を表わした図を示しました。東北地方の地殻変動が非常に大きいことがわかります。この変動は地震直後（2011年3月12日）での変動量ですが、牡鹿半島付近では5 m以上変動しています。地震の震源地に近い場所です。一方、震度は大きかったですが、関東の西部は大きくは変動していないことがわかります。これらは衛星測位の長基線RTK技術による結果です。2016年に熊本地震がありましたが、その

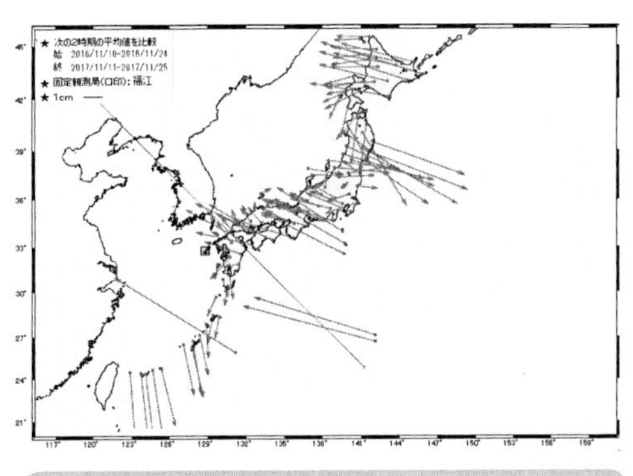

出典：国土地理院

2016年から2017年の1年間の地殻変動

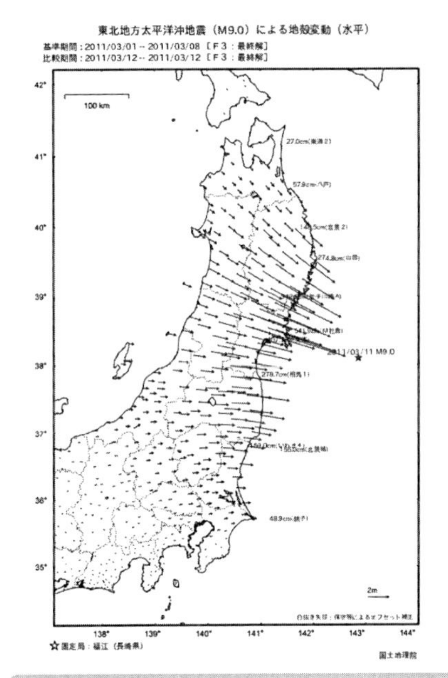

出典：国土地理院

東北地方太平洋沖地震時の地殻変動量

際、地震の翌日には国土地理院よりリアルタイム地殻変動の速報が報告されていました。その後、UAV（無人航空機、Unmanned Aerial Vehicle）や干渉SAR（合成開口レーダ、Synthetic Aperture Radar）、衛星測位による詳細解析が行われ、詳細な地殻変動が明らかにされています。

74 ビッグデータ

衛星測位が品質を高めます

ビッグデータとは、巨大なデータ集合の集積物を表わす用語です。巨大なデータ集合の傾向をつかむことで、ビジネスや社会に有用な知見を得たり、これまでにないような新しい仕組みや発見の可能性が高まります。

東日本大震災の後、NHKで放送された震災ビッグデータの特集があり、地震前後での人の動きを携帯電話のデータから得られる位置情報で可視化すると、関東の交通機関が麻痺していることがよくわかりました。また図に示したのはHONDAのカーナビが地震直後から通行できた道路の状況を公開し、移動支援を行った取り組みの1つで、通行実績情報MAPです。これら情報のベースにあるのは、我々の位置と速度といえます。プライバシーの課題はあるにせよ、このようなビッグデータの活用や分析は今後も進化していきます。もう少し細かくみていくと、大規模災害時に渋滞はつきもので、その渋滞のために命を落とす方もおられるかもしれません。では、そのような渋滞を緩和するための街づくりはどうあるべきなのかという知見が必要です。そこには、人の行動分析も含まれています。

もう1つの例を図に示しました。Google Mapのナビです。筆者も利用することが多いためナビの精度がどのくらいか把握しています。Googleに匿名で携帯の位置や速度情報を公開している人が多いので、リアルタイムで渋滞情報などを提供することができています。通常のカーナビと比較すると、携帯電話の衛星測位用アンテナが内部に埋め込まれていることもあり、位置精度はよくなく、どの道路を走行しているかを間違えることがあります。ただ、交通渋滞のリアルタイム性や現実の走行データという意味で、これほど便利なものはなく、地域にもよりますが、おおむね信頼できる情報が提供されています。衛星測位の位置や速度の精度が向上してくることで、一般ユー

出典：HONDA

震災直後の道路状況

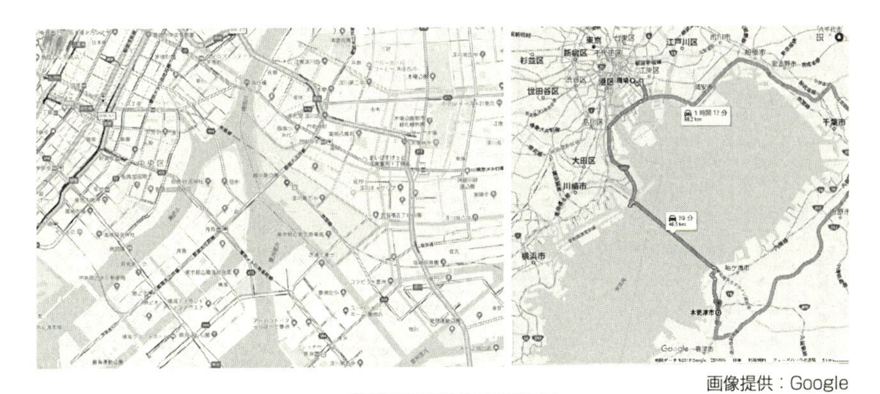

画像提供：Google

Google Map ナビ

ザのカーナビや携帯電話にも対応受信機チップが浸透していき、集まるビッグデータの品質が高められると考えます。その結果、どの道路にいるかの判別で精一杯だったものが、車線レベルで判別できるようになり、ユーザにとってより細かい情報提供が可能となると考えます。

COLUMN

衛星測位の未来

あくまでも個人的な視点ですが、位置・速度・時刻の計測そしてナビゲーションでの利用で、衛星測位に変わるシステムが出てくる気配は現在のところありません。1970年代に打ち上げが開始された衛星測位システムは、すでに40年近く経過しており、今後も数十年にわたって利用されるのではと予測します。非常に安価な1cm四方くらいのチップとアンテナさえあれば、地球上どこでも数mの精度で位置がわかるのです。衛星測位にとって、電波の届かない場所で欠かせないINSの性能向上も目覚しく、衛星測位とINSの統合技術が今後も移動体ナビゲーションの主流になりそうです。米国のGPS政策の代表者が「GPSはインターネットと同様に、仕事や日常生活になくてはならないグローバルな情報インフラになった」と話していましたが、その通りかもしれません。本書ですでに述べましたが、今後の課題を2つ挙げるとすると、衛星測位の限界を知り依存しすぎないこと、そして自動運転などの高精度かつ高信頼が必要とされるアプリケーションでどのように利用されるかだと思います。

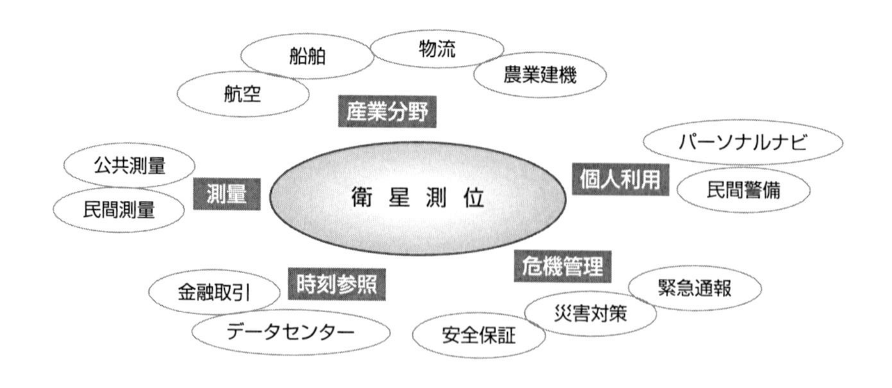

参考文献

- 「WEBテキスト測地学　新改訂版」
  http://www.geod.jpn.org/web-text/index.html#gsc.tab=0
- 「国土地理院　基準点・測地観測データ」 WEBサイト
  http://www.gsi.go.jp/kizyunten.html
- 「トランジスタ技術2018年1月号」 CQ出版社
- 「精説GPS　改訂第2版」 測位航法学会(2010)
- 「GNSS測量の基礎」 土屋淳・辻宏道、日本測量協会、改訂版(2012)
- 「GPSのしくみと応用技術―測位原理、受信データの詳細から応用製作まで」 トランジスタ技術編集部、CQ出版社(2009)
- 「GPSのための実用プログラミング」 坂井丈泰、東京電機大学出版局(2007)
- 「GPSハンドブック」 杉本末雄・柴崎亮介編、朝倉書店(2010)
- 「GPS測量技術」 佐田達典、オーム社(2003)
- “GPS for Everyone: You are Here” Pratap Misra, Ganga-Jamuna Press (2016)

本書に掲載したURLは2018年3月時点のものです。

索　引

数字・アルファベット

あ

か

さ

た

な

は

ま

や

ら

わ

● 著者紹介

久保　信明（くぼ　のぶあき）

- 学歴

北海道大学大学院工学研究科修士課程修了（1998年）
東京大学大学院工学系研究科　論文博士（工学、2005年）

- 職歴

日本電気株式会社電波応用事業部（1998～2001年）
東京商船大学商船学部助手（2001～2006年）
東京海洋大学海洋工学部講師（2006～2007年）
東京海洋大学海洋工学部准教授（2007～2019年）
スタンフォード大学　客員研究員（2008～2009年）
東京海洋大学海洋工学部教授（2019年～現在）

図解よくわかる　衛星測位と位置情報　NDC512

2018年3月26日　初版1刷発行
2022年9月27日　初版6刷発行

定価はカバーに表示してあります。

©著者　久保信明
発行者　井水治博
発行所　日刊工業新聞社

〒103-8548　東京都中央区日本橋小網町14-1
電話　書籍編集部　03-5644-7490
販売・管理部　03-5644-7410
FAX　03-5644-7400
振替口座　00190-2-186076
URL　https://pub.nikkan.co.jp/
email　info@media.nikkan.co.jp

印刷・製本　新日本印刷(株)（POD4）

落丁・乱丁本はお取り替えいたします。　2018　Printed in Japan

ISBN 978-4-526-07812-5　C3050